国家自然科学基金青年科学基金项目（项目编号：72104

产学研合作动机、合作行为对高校科研团队学者的学术绩效影响研究

The Influence of Motivations,
Behaviors of University–Industry Collaboration
on Academic Performance of Academics
in the Universities' Research Teams

杨小婉　朱桂龙　著

中国财经出版传媒集团
经济科学出版社
Economic Science Press
北京

图书在版编目（CIP）数据

产学研合作动机、合作行为对高校科研团队学者的学
术绩效影响研究/杨小婉，朱桂龙著 . -- 北京：经济
科学出版社，2024.10
ISBN 978 - 7 - 5218 - 5150 - 2

Ⅰ.①产… Ⅱ.①杨… ②朱… Ⅲ.①科学研究组织
结构 - 产学研一体化 - 研究 - 中国 Ⅳ.①G322.2

中国国家版本馆 CIP 数据核字（2023）第 179194 号

责任编辑：杨　洋　杨金月
责任校对：刘　娅
责任印制：范　艳

产学研合作动机、合作行为对高校科研团队学者的学术绩效影响研究
CHANXUEYAN HEZUO DONGJI、HEZUO XINGWEI DUI GAOXIAO KEYAN
TUANDUI XUEZHE DE XUESHU JIXIAO YINGXIANG YANJIU
杨小婉　朱桂龙　著
经济科学出版社出版、发行　新华书店经销
社址：北京市海淀区阜成路甲 28 号　邮编：100142
总编部电话：010 - 88191217　发行部电话：010 - 88191522
网址：www. esp. com. cn
电子邮箱：esp@ esp. com. cn
天猫网店：经济科学出版社旗舰店
网址：http：//jjkxcbs. tmall. com
北京季蜂印刷有限公司印装
710 × 1000　16 开　14.25 印张　200000 字
2024 年 10 月第 1 版　2024 年 10 月第 1 次印刷
ISBN 978 - 7 - 5218 - 5150 - 2　定价：55.00 元
（图书出现印装问题，本社负责调换。电话：010 - 88191545）
（版权所有　侵权必究　打击盗版　举报热线：010 - 88191661
QQ：2242791300　营销中心电话：010 - 88191537
电子邮箱：dbts@ esp. com. cn）

目　　录

第一章

绪　论

第一节　研究背景

我国大学的产学研合作相对于欧美国家起步较晚，在改革开放时期，我国促进科技成果产出和转化的方式特征呈现出从以科技规划为中心向以国家科技计划转变。在此阶段，科研生产联合体的概念应运而生，其最初目的在于解决科研与生产的脱节问题。随着1992年"产学研联合开发工程"的推进，正式出现产学研合作概念，1993年《中华人民共和国科学技术进步法》进一步通过法律形式来鼓励各创新主体开展联合和协作，1994年《国家教委、国家科委、国家体改委关于高等学校发展科技产业的若干意见》则鼓励高等学校要结合自身的优势特征建立科技企业，大力推进产学研合作联办科技企业。

随着科技体制改革的逐步深入，科技和经济的"两张皮"现象逐步暴露，一些阻碍二者深入融合的不利因素凸显出来。传统计划经济体制下的企业缺乏与高校和科研院所的合作，自身研发动力不足，高校及科研院所的科研成果转化率低下等问题制约着我国创新的发展。1996年《国家教育委员会关于加强高等学校为经济社会发展服务的意见》着重强调高等学校的科技工作要向生产应用端延伸，大力加强高校的技术开发和成果转化。同年，《国务院关于（九五）期间深化科技体制改革的决定》提出要推动科技机构面向经济建设主战场，高校及科研机构要承担为地方经济建设和社会发展服务的使命。在这一阶段，在科教兴国的战略导向下，推动了产学研政策的中心从推动科技成果产业化向建立以企业为主体、以市场为导向，产学研相结合的技术创新体系转变。2006 年，《国家中长期科学和技术发展规划纲要（2006－2020 年）》的颁布实施奠定了我国"以企业为主体、市场为导向、产学研相结合的技术创新体系"这一新型举国体制，引导创新资源要素逐步向企业集聚，推动企业和科研院所、高校的合作提升至国家战略层面，重点突破重大关键的共性技术研究，开展突破式创新，实现跨越式发展。2012 年，《教育部、财政部关于实施高等学校创新能力提升计划的意见》（以下简称"2011 计划"）的颁布有力地推动了高校协同创新的发展，促进了高等教育与科技、经济、文化的有机结合。2014 年，财政部和科学技术部、国家知识产权局三部门联合颁布的《关于开展深化中央级事业单位科技成果使用、处置和收益管理改革试点的通知》逐步建立健全高校科技成果转移转化收入分配和激励制度（朱桂龙等，2018）。2018 年，财政部、税务总局、科技部联合颁布的《关于科技人员取得职务科技成果转化现金奖励有关个人所得税政策的通知》，进一步完善职务科技成果转化收入的税收优惠政策。2021 年，国家知识产权局办公室、教育部办公厅、科技部办公厅关于印发《产学研合作协议知识产权相关条款制定指引（试行）》的通知，促进产学研合作和知识产权转移转化。2022 年，教育部办公厅、工业和信息化部办公厅、国家知识产权局办公室《关于组织开展"千校万企"协同创新伙伴行动的通知》，推动高校与企业强化创新合作，促进创新链、产业链深度融合。

总之，在改革开放的 40 余年中，我国对于大学产学研合作的政策达到了前所未有的高峰，也取得了一系列的发展：从投入来看，大学科技经费中企事业委托经费从 1993 年的 1319486 千元①增加到 2020 年的 68109745 千元②，增长了 50 倍之多。尤其是在 2004 年，企事业委托经费比上一年增长高达 32.7%③，来自企业的经费成为支持高校学术研究的重要资源（赵延东和宏伟，2015）。在研发（R&D）成果应用投入上，从 1994 年的 463603 千元④增加到 2020 年的 14959031 千元⑤，增长了 31 倍之多，尤其是在 2003 年，R&D 成果应用投入比上一年增长高达 31.5%⑥。从产出来看，大学的专利申请数从 1993 年的 2224 件⑦陡增到 2020 年的 328896 件⑧，增长了高达 146 倍之多，在专利出售方面，合同数从 1993 年的 390 项⑨增加到 2020 年的 15169 项⑩，专利出售金额数从 1993 年的 49831 千元⑪增加到 2020 年的 8108857 千元⑫；在对企业的技术转让方面，合同数从 1993 年的 5097 项⑬增加到 2020 年的 19936 项⑭，成交金额从 1993 年的 469498 千元⑮增加到 2020 年的 11362172 千元⑯。综上所述，我国的大学产学研合

---

① 中华人民共和国国家教育委员会科技司：《1994 年高等学校科技统计资料汇编》（第 26 页）。

② 中华人民共和国教育部科学技术与信息化司：《2021 年高等学校科技统计资料汇编》（第 14 页）。

③ 中华人民共和国国家教育委员会科技司：《2005/2004 年高等学校科技统计资料汇编》（第 10 页，2004 年 14402930 千元；2003 年 10857066 千元，（14402930 – 10857066）/10857066 ≈ 32.7%）。

④ 中华人民共和国国家教育委员会科技司：《1995 年高等学校科技统计资料汇编》（第 39 页）。

⑤ 中华人民共和国教育部科学技术与信息化司：《2021 年高等学校科技统计资料汇编》（第 26 页）。

⑥ 中华人民共和国国家教育部科学技术司：《2004/2003 年高等学校科技统计资料汇编》（第 34 页，2003 年 2801655 千元；第 67 页，2002 年 2130514 千元，（2801655 – 2130514）/2130514 ≈ 31.5%）。

⑦⑨⑪ 中华人民共和国国家教育委员会科技司：《1994 年高等学校科技统计资料汇编》（第 69 页）。

⑧⑩⑫ 中华人民共和国教育部科学技术与信息化司：《2021 年高等学校科技统计资料汇编》（第 82 页）。

⑬⑮ 中华人民共和国国家教育委员会科技司：《1994 年高等学校科技统计资料汇编》（第 76 页）。

⑭⑯ 中华人民共和国教育部科学技术与信息化司：《2021 年高等学校科技统计资料汇编》（第 89 页）。

作无论是在投入和产出上，还是在政策环境上都作出了不可忽视的努力，尽管取得了一定的成就，但是在几十年的发展过程中，依然存在一些典型的问题，具体情况如下所示。

（1）从科技经费的结构来看，大学应用研究投入过多抑制了基础研究的发展。

《高等学校科技统计资料汇编》（2001～2020年）数据显示，20年来大学基础研究的投入以年平均21.9%[①]的增速上涨，但其与应用研究的投入相比，二者的差距先逐年增长，在2010年短暂达到高峰后差距有所回落，在2017年后差距又逐渐增大，在2020年差距达到巅峰，大学应用研究的投入比基础研究的投入高出19362662千元[②]。从某种程度来看，我国的大学在应用研究上的投入相对较多，而在基础研究上的投入相对较少，这为我国的基础研究不强，关键核心技术受制于人的困境埋下了伏笔。

斯托克斯（Stokes，1997）提出科学研究的巴斯德象限分类，从基本认识和实践应用两个维度将科学研究划分为四个象限，分别是：以纯基础研究为主导的波尔象限、以纯应用研究为主导的爱迪生象限、由应用引发的以基础研究为主导的巴斯德象限，以及以技能训练与经验整理为主导的皮特森象限（刘则渊和陈悦，2007）。从知识生产的角度来看，两个维度分别反映的是：一方面，涉及知识是否是为了基本的科学兴趣而产生；另一方面，知识是否是为了商业利益而产生，因此波尔象限的知识仅是为了科学兴趣而产生，爱迪生象限的知识主要是为了商业利益而产生，而巴斯德象限的知识则是结合了这两个动机（Murray & Stern，2007）。因此，基

---

① 中华人民共和国国家教育委员会科技司：《2002～2021年高等学校科技统计资料汇编》（2002年第63页、2003年第102页、2004年第52页、2005年第18页、2006年第16页、2007年第16页、2008年第27页、2009年第27页、2010年第28页、2011年第27页、2012年第30页、2013年第30页、2014年第29页、2015年第30页、2016年第30页、2017年第31页、2018年第29页、2019年第29页、2020年第29页、2021年第29页）。

② 中华人民共和国国家教育委员会科技司：《2021年高等学校科技统计资料汇编》（第29页，基础研究当年拨入54571426千元、应用研究当年拨入73934088千元，73934088 - 54571426 = 19362662千元）。

于有应用价值的基础研究来展开产学研合作是最佳的合作标的。一方面，既能满足高校的动机需求；另一方面，又能满足产业的需求。然而，现实的情况不容乐观，高校个体和团队的合作动机向商业利益的倾斜，以及政府对公共投资的经济回报期望折射在大学对于应用研究的过多追求上，大学已将重点转向专注于解决企业遇到的实际问题而忽略了对学术价值的反哺作用。

（2）从合作方式的角度来看，大科学、小团队的合作难以突破重大原始创新。

从新中国成立以来，我国产学研合作的方式历经了两个转变，分别是从群体的计划合作转向个体的自由合作和从个体的合作转向群体的竞争合作。从第一颗原子弹爆炸成功到第一颗人造地球卫星发射成功，都是计划经济时代群体合作的重大突破性创新成果，那个阶段的产学研合作更多的是以重大研究项目为载体，合作团队呈现出大科学、大团队的特征。在改革开放之后，"星期日工程师"（又称"科技人员业余兼职"）的出现，使一些高校教师利用周末的空余时间去指导工厂，这激活了个体与企业的自由合作，这是出现最早的产学研合作模式，也成为"德清模式"，不少企业受益于这种模式，不断做大做强。在20世纪90年代初，"产学研联合工程"也只是为了实现政府某一计划而联合办公，直到2005年教育部与广东省正式启动全国首个省部产学研结合的模式，这标志着我国产学研合作从个体的自由合作转向了群体的竞争合作，尤其是2001年"创新研究群体"科学基金的设立，一些高校与企业的合作更多的是以科研团队的形式开展，而学校只是个管理机构。

然而，历经十几年科研团队的发展，两个重要问题的存在制约了重大原始创新的突破：第一个问题是项目申请在一定程度上存在"拼盘"现象，呈现出大科学、小团队的特征，表面上是一个松散型团队，而实际上更多的是导师带领学生的紧密合作小团队；第二个问题是合作存在各自为战的情况，合作只是为了完成项目目标而非真正地进行具有核心竞争力的前瞻性科学技术研究，甚至一些合作只是为了获得政府的资助而成为形式上的合作。通过调研华南地区某理工研究型大学的科研团队发现，在与企业合作的过程中，会形成两种类型的科研团队，一种是以高校为主的科研团队，而另一种是以企业为主的产学研合作团队，前者的合作容易出现高校的研究成果在企业束之高阁的窘境，而后者的合作容易导致高校成为企业的研发依赖而牵制科研团队的科学问题发现。

（3）从合作层次的角度来看，合作伙伴能力的不匹配导致研究议程的倾斜。

基于对学研机构 7907 个科研人员的问卷调查，发现那些主持企业项目的被访者相比于主持其他非企业项目的被访者更可能将自己的研究定位为"应用研究"（赵延东和洪伟，2015）。另外，基于我国部分高校工科学院的 360 份高校教师的调研数据显示，关于与同行相比，工作重心更多地向应用研究或开发上转移的题项，77.89% 的学者选择同意，17.59% 的学者选择不确定，而仅有 4.52% 的学者选择不同意。很显然，从这个调研样本中发现，我国工科院校的学者在参与产学研合作后，普遍存在研究议程倾斜的问题，而这一问题在国际上也普遍存在（Looy et al.，2006；Baldini，2008；Geuna et al.，2011）。

产学研合作在很大程度上对于合作双方来说是一种互惠的行为，企业方为高校方带来经济利益和市场需求，高校方为企业带去知识和人才。由于高校和企业隶属于两个不同的系统，大学追求的是在自由宽松的氛围下进行科学探索，而企业追求的是在时间和成本等约束条件下解决具体问题（梅姝娥和仲伟俊，2008）。因此，大学的研究更有"通用性"，但由于经济利益和政府经费竞争性的存在，大学的研究更倾向于解决企业某一具体的实际问题，而非帮助诸多企业解决问题的基础研究（许春，2015）。除此之外，还存在一个重要的原因，即高校在合作中忽略了对合作伙伴的选择。从合作的层次来看，一流的大学应该和行业龙头企业进行合作，这类企业更能提出高质量的市场需求，而对于高校方来说，这类合作更能凝练出高水平的技术问题（周山明和李建清，2014）。很显然，我国研究型大学的一些学者存在未对产业合作伙伴进行筛选的普遍现象，不加选择地开展合作，对于合作者更是来者不拒，这导致一些学者将时间和精力过多地投入在与企业的产品层次合作上。这类的产学研合作虽然是实现了企业的合作目标，但对于高校方的组织目标是存在侵蚀的，尽管对于高校的学者而言，经济利益得以实现，但学术利益却受到了损害。

　　基于我国大学产学研合作的现实情境，造成高校组织目标侵蚀的困境背后的原因在于：产学研合作过于关注合作带给企业方的影响，而忽视了对高校自身学术价值的反哺作用。在产学研协同创新的情境下，合作大部分是科研团队的努力，进一步从组织层面研究高校产学研合作困境并不能有效解释现象背后真实的原因。因此，研究的落脚点需要在个体层次高校科研团队的学者上。高校科研团队的学者面临双重目标的约束：一方面，既要完成科研团队的合作目标；另一方面，也要实现产学研合作组织的目标（Perry et al.，2016）。产学研合作作为一种让知识在学者和产业之间流动的渠道，其对科学研究和经济绩效的作用已经获得了广泛共识（Morandi，2013），但对于越来越多偏向于应用研究的高校学者而言，由于公共部门和私人部门的激励系统存在差异，在考虑产学研合作和在具体合作过程中，又面临两大问题约束：研究成果的"保密问题"和研究议程的"倾斜问题"（Looy et al.，2006；Kalar & Antoncic，2015）。因此，如何实现产学研合作反哺高校学者的学术绩效提升是理论界亟须回答的问题。

　　从高校内部来看，高校的自治性决定了学者参与产学研合作的动机是异质的，其合作行为同时还受到高校考核机制的制约。对于学者而言，在科学活动和商业活动之间寻求一个有效的平衡并非易事。从高校外部来看，企业自主创新能力薄弱，其与大学的合作动机明确且单一，更多的是获得大学方的技术和人才等资源，帮助解决企业的实际问题。因此，想要解决产学研合作反哺高校学者的学术绩效提升这一问题，需要既考虑内部因素，又需要考虑外部因素。从内部因素来看，这是一个社会心理学的建设过程，是不同合作动机下的投入行为问题；从外部因素来看，这是一个选择合适的合作伙伴的行为问题。因此，本书尝试从内外部因素结合的角度，试图借鉴"动机—行为—绩效"这一经典研究框架，回答如下核心研究问题：高校科研团队的学者是如何基于异质性的产学研合作动机去选择不同的合作行为，进而最终实现学术绩效最大化？具体而言，这个核心议题可以分解为如下几个子问题：对于高校科研团队的学者而言，（1）为何选择与企业合作以及学术绩效如何？（2）如何通过个体的合作行为实现学术绩效的提升？（3）在组织情境中，如何实现与产学研合作组织融合促进学术绩效最大化？

第二节　国内外研究现状

在开放性环境下，协同创新成为提升企业和高校创新能力发展的重要抓手。随着全球商业环境的发展，大学的变革不可避免。对于高校而言，参与产学研合作可以获得很多好处，包含获得额外的研究收入、对研究成果的应用、了解企业的技能和设备、跟得上产业的实践问题（D'Este & Patel，2007）。因此，很多国家的大学越来越强化开放合作的观念。但对于产业界的企业而言，获利是首要理念，合作的动因主要是通过获得高校的技术和人才以解决企业的实际问题。为了占领行业领先地位，独占利益成为企业和高校合作首要考虑的因素，这对于高校开放科学的莫顿规范带来了威胁和挑战。产学研合作对于大学的影响引起了持续而又激烈的争议，相关问题已得到不同国家、不同领域学者和实践者的关注。因此，本节分别从国际研究和国内研究进行综述，并提出本书研究的理论突破口。

一、国外研究现状

在借鉴经典文献罗瑟梅尔（Rothaermel，2007）、珀曼和沃尔什（Perkmann & Walsh，2007）、珀曼等（Perkmann et al.，2013）的研究中的检索词基础上，将研究聚焦在大学产学研合作上，加入了科研团队和个体的相关关键词，最终形成了 8 组关键词组合，第一组，TS =（"joint research"）AND TS =（"universit*"OR"academi*"OR"facult*"OR"professor*"OR"scientist*"OR"Scholar*"OR"scientific group*"OR"research group*"OR"academic group*"OR"scientific team*"OR"research team*"OR"academic team*"）AND TS =（"industry*"）；第二组：TS =（"collaborative research"）AND TS =（"universit*"OR"academi*"OR"facult*"OR"professor*"OR"scientist*"OR"Scholar*"OR"scientific group*"OR"research group*"OR"academic group*"OR"scientific team*"OR"research team*"OR"academic team*"）AND TS =（"industry*"）；第三组：TS =（"contract research"）AND TS =（"universit*"OR"academi*"OR"facult*"OR"professor*"OR"scientist*"OR"Scholar*"OR"scientific group*"OR"research group*"OR"academic group*"OR"scientific team*"OR"research team*"OR"academic team*"）AND TS =（"industry*"）；第四组：TS =（"technology transfer"）AND TS =（"universit*"OR"academi*"OR"facult*"OR"professor*"OR"scientist*"OR"Scholar*"OR"scientific group*"OR"research group*"OR"academic group*"OR"scientific team*"OR"research team*"OR"academic team*"）AND TS =（"industry*"）；第五组：TS =（"knowledge transfer"）AND TS =（"universit*"OR"academi*"OR"facult*"OR"professor*"OR"scientist*"OR"Scholar*"OR"scientific group*"OR"research group*"OR"academic group*"OR"scientific team*"OR"research team*"OR"academic team*"）AND TS =（"industry*"）；第六组：TS =（"commercializ*"）AND TS =（"universit*"OR"academi*"OR"facult*"OR"professor*"OR"scientist*"OR"Scholar*"OR"scientific group*"OR"research group*"OR"academic group*"OR"scientific team*"OR"research team*"OR"academic team*"）AND TS =（"industry*"）；第七组：TS =（"university – industry"）

AND TS = ("universit*"OR"academi*"OR"facult*"OR"professor*"OR"scientist*"OR"Scholar*"OR"scientific group*"OR"research group*"OR"academic group*"OR"scientific team*"OR"research team*"OR"academic team*") AND TS = ("industry*");第八组：TS = ("academic entrepreneur*")。科学论文数据来源于 web of science 核心合集的 SCIE（1997 年至今）、SSCI（2006 年至今）和 CPCI – SSH（1996 年至今）数据库，由于数据库的原因，时间设定在 1996~2018 年（检索时间 2018 年 10 月），文献类型为 Article 和 Review。最终，一共检索出 2216 篇文献。由于数据存在杂质，因此通过设置 Web of Science 学科类别进行进一步筛选，选择了 management、engineering industrial、planning development、business、economics、information science library science、operations research management science 等 15 个学科①，最终获得主题相关文献 1547 篇。

为了进一步更好地认识到国际研究关于研究问题的相关研究现状，分别从组织层次——大学、团队层次——团队、个体层次——学者三个方面展开论述。

（1）组织层次：产学研合作对大学学术绩效的影响存在多种观点。

产学研合作给大学带来影响的观点不统一。第一，无影响，如德埃斯特等（D'Este et al.，2013）学者基于英国大学的数据发现，产学研合作与学术卓越无多大关系，卓越的学术成就既不会因为参与企业合作而受损，也不会增强，而这种关系在很大程度上取决于大学系所的制度背景。第二，正向影响关系，如学者黄沐轩和陈达仁（Huang & Chen，2017）从组

---

① 具体的 15 个 Web of Science 的学科类别有管理学（management）、工程，工业（engineering industuial）、规划及发展（planning development）、商业（business）、经济学（economics）、信息科学与图书馆科学（information science library science）、运筹学和管理科学（operations research management science）、计算机科学，跨学科应用（computer science interdisciplinary applications）、工程，跨学科（engineering multidisciplinary）、教育和教学研究（education educational research）、公共行政（public administration）、多学科科学（multidisciplinary sciences）、社会科学，跨学科（social sciences interdisciplinary）、教育，科学学科（education scientific disciplines）、社会学（sociology）。中文翻译来源于 Web of Science 的网站。

织控制的视角，分析了产学研管理机制、实施产学研规则和创新氛围支持对大学学术创新绩效的影响，结果表明受到产学研项目资助的大学在发展产学研环境和提高学术创新绩效方面具有更多的优势，同时还发现正式的产学研管理机制可能是提高非产学研项目补贴大学学术绩效的最重要因素，此外创新氛围可以缓和正式的产学研管理机制和学术创新绩效之间的关系。第三，倒"U"型影响关系，如王元地等（Wang et al., 2016）关注产学研合作对大学教学绩效的影响，基于中国 61 所大学 5 年（2009～2013 年）的数据，研究结果发现合作渠道对教学绩效有明显的影响。具体而言，学术商业化与教学表现之间存在倒"U"型关系，而学术参与则与教学表现之间存在"U"型关系。林俊友（Lin, 2017）从合作的专有属性视角回答产学研合作是促进还是抑制了学术创新，以及在何种情况下对学术创新有影响的问题，基于 2019 年 110 所美国顶尖研究型大学的数据，研究表明产业合作数量与学术创新之间是曲线关系，同时还发现合作广度和知识能力可以缓解这个曲线关系。

（2）团队层次：涉及合作动机、障碍、模式和结果等研究。

团队层次的研究在近几年逐渐得到关注，一些研究开始尝试探索科研团队参与产学合作的动机、障碍、模式和合作带来的结果研究。在合作动机和障碍研究方面，拉莫斯·比尔巴等（Ramos Vielba et al., 2016）从心理学视角研究科研团队与外部非学术组织合作的动机和障碍问题，基于西班牙 PSROs 的科研团队数据发现，推进研究目标是作为与政府机构合作的动因，而寻找应用知识的机会是推动与企业合作的动力。同时，研究还发现基于科学自治的障碍因素不是与企业合作的障碍，而基于科学信誉的风险则会抑制产学研的合作；在合作模式研究方面，奥尔莫斯·佩涅拉等（Olmos Peñuela et al., 2014）关注人文社会科学领域科研团队的知识转移问题，基于西班牙 CSIC 的研究团队数据，研究发现知识转移活动主要是基于关系型而非商业型，其中最经常参与的关系活动是咨询和合同研究，同时还发现科研团队的特征（如规模和多学科性）和个人的特征（如学术地位和明星科学家）与知识转移活动有关，并且那些关注社会影响和与所进行研究密切相关的科研团队更积极地参与所有知识转移模式；在产学研合作与研究产出之间的关系研究上，研究并未达到一致的结果，如兰加等（Ranga et al.，2003）基于比利时鲁汶大学 22 个科研团队的数据发现，随着强化的产学研合作，并未出现更多地向应用研究转变的现象。阿吉亚尔—迪亚兹等（Aguiar – Díaz et al.，2015）基于超外围地区一所大学的137 个科研团队的样本发现，产学研合作与科学产出之间存在双向关系，当科研团队发表的文章增加时，大学与产业之间的合同也会增加，此外，产业合同与科学生产之间存在非线性关系，产学研关系是科学生产的补充，达到一定程度之后，存在替代效应，并且这种关系受到知识领域的调节作用，属于技术导向领域的科研团队在响应产学研关系时具有更好的科学产出。巴列塔等（Barletta et al.，2017）基于阿根廷 314 个 ICT 领域的科研团队的数据发现，科学生产力与科研团队的技术转移活动之间呈现出负相关的关系。穆西奥等（Muscio et al.，2017）还发现这种结果存在学科领域的差异，基于意大利 60 所大学和经济合作与发展组织（OECD）科学领域的 173 个团队 7 年（2006～2012 年）的原始纵向数据集，发现从商业活动中获得的资助与发表之间的关系并不显著，但研究发现从合同研究和咨询获得的资助和发表数量之间的关系存在学科差异，在自然和工程学科存在倒"U"型关系，在医学和健康科学存在"U"型关系，而在农业科学没有显著的相关关系。除此之外，科研团队的产学研合作匹配研究也得到关注。巴纳尔—埃斯塔尼奥尔等（Banal Estañol et al.，2018）通过构建基于偏好相关（对科学研究的偏好）和能力相关（产生高质量科学产出的能力）的双边匹配框架来分析异质的学者和公司之间的合作，研究使用最大分数估计方法，并通过 EPSRC 研究项目团队的学术研究人员和企业的实证数据，验证了能力和偏好之间的积极配对匹配，顶尖的学者往往和顶尖的企业合作，那些有更多应用兴趣的学者与更有应用偏好的公司合作，最有能力和应用最多的学术研究人员更有可能提出合作而不是那些非协作项目的学者。

（3）个体层次：研究聚焦在合作动机、专利行为和发表行为的关系，以及产学研合作对学者绩效的影响上。

个体层次的研究相对团队层次的研究要多，研究内容也更分散一些，涉及多方面，如心理学视角的合作动机、合作意愿（或倾向）问题、角色关系、行为研究和产学研合作对学者绩效的影响等。

在合作动机方面，主要是从社会心理学的视角展开相关分析，如林爱丝（Lam，2011）将学术科学家参与研究商业化的动机分成三类，分别是外部的财务奖励和声誉或生涯的奖励，以及内部解决难题的自我满足动机，并基于36个个人访谈和英国5所研究型大学的735名科学家的问卷调查数据，研究发现学者参与产业合作是因为声誉和内在的原因，而经济回报只占相对较小的一部分。德埃斯特和珀曼（D'Este & Perkmann，2011）基于英国大学物理和工程科学研究人员的调查数据，研究发现大多数学者与企业合作是为了进一步研究，而不是将他们的知识进行商业化，不同产学研合作的渠道背后的学者动机也存在差异性。弗雷塔斯和弗斯佩根（Freitas & Verspagen，2017）基于荷兰的30个产学研合作项目的定性数据，将大学的研究人员参与企业合作项目的动机总结为以下4个：研究的产业适用性、与产业保持联系、获得额外的资金、增加未来合作的机会，并研究了动机的一致性问题。拉贾伊安等（Rajaeian et al.，2018）基于IT外包领域的学术研究者访谈发现，这些学者参与产业合作的动机主要是实现学术研究产出从而能为其提供内在的个人收益，如晋升或者职称，而且这类学者对于将自己的研究向实践领域进行知识转移的效率也相对较低。伊奥里奥等（Iorio et al.，2017）则进一步研究动机对知识转移行为的影响，结合意大利不同科学领域的学者5年（2004~2008年）的样本，研究发现学术科学家除了学习动机之外，还有使命动机，而资助动机和使命动机对知识转移的广度和深度都有积极影响，而学习动机影响不明显，与广度相比，资金和使命动机对知识转移的深度影响更大。安克拉等（Ankrah et al.，2013）不仅考虑了高校学者参与知识转移的动机，还考虑了其与企业成员动机的匹配性问题，基于英国的 5 个案例数据，研究发现大学和行业参与者的动机在稳定性、效率性、必要性、合法性、互惠性和不对称性 6 个维度上存在对应性和差异性，而拉贾洛和瓦迪（Rajalo & Vadi，2017）也发现合作动机的匹配是产学研合作形成阶段的主导因素。

在合作意愿（或倾向）上，塔塔里和布雷斯基（Tartari & Breschi，2012）通过探究科学家如何基于对产学研合作预期的收益和成本的评价从而作出合作决策的问题，基于意大利大学 9 个科学领域的 657 名科学家的数据，研究发现获取财务和非财务资源是促使学术研究人员加强与产业合作的最重要因素。埃斯科瓦尔等（Escobar et al.，2017）聚焦于影响研究人员参与知识和技术转移活动意愿的因素上，基于西班牙一所最大的大学的 249 名研究人员的数据，研究发现内在动机、外在动机和大学的支持是关键的影响因素。利巴尔斯（Libaers，2017）聚焦学术科学家在不同的合作研究安排上花费的时间是如何影响他们参与由大学发起的技术商业化倾向问题，研究发现学术科学家采用产学研合作策略并在这样的安排上花费更多的研究时间，与私营企业参与技术商业化的倾向明显更大，并且呈现出倒"U"型的关系。

在角色关系上，杰恩等（Jain et al.，2009）对参与商业化活动的大学里的科学家角色身份问题进行了研究，基于一所美国公立研究型大学的科学家超过 70 个小时的访谈数据，研究发现大学里的科学家通常采用混合角色身份，包括主要的学术角色和次要的商业角色，克里斯特尔等（Kristel et al.，2018）比较了创业型学者和学术型创业者的差异，二者在创业型大学的建设中扮演着重要的角色。柴山（Shibayama，2012）则从矛盾关系视角分析了创业和开放科学的矛盾关系，基于日本科学家的数据，研究验证了一些（但不是全部）创业活动阻止了科学家之间的合作或开放关系。

在行为研究上，从战略视角上，扎莱夫斯卡·库雷克等（Zalewska Kurek et al.，2018）基于战略定位理论研究科学家如何管理自己的行为问题，对组织自主性和战略依赖性的需求越高，进行知识转移的可能性越大。从合作策略视角上，卡拉特等（Callaert et al.，2007）通过对瑞士工程学院的学术型创业家的深度访谈，提出了学者如何成功地平衡科学和创业活动的三个策略问题，分别是主题的相关性、选择性和主动性。卡拉特等（Callaert et al.，2015）进一步基于两所欧洲的大学（意大利的米兰理工大学和比利时的鲁汶大学）工程学教授的调查数据，研究发现产业合作项目的科学收益取决于这三类合作策略，当学术界采取更积极的策略并且具有选择性时，与产业合作的科学收益杠杆更高，同时还发现，从产业合作伙伴获得的资助是这个影响关系中的中介变量。从行为关系视角上，范洛伊等（Van Looy et al.，2006）聚焦学者发表和专利行为的关系，基于比利时鲁汶大学研究人员的专利和论文数据，研究发现发明者比非发明者发表更多的文章，而且发表更多科学导向的期刊。因此，学者的研究并不存在倾斜的问题，格林姆和杰尼克（Grimm & Jaenicke，2015）则基于德国大学研究人员的数据也发现专利申请的增加会带来未来发表数量的增加，发表数量的增加会带来未来专利的增加，而吉娜等（Geuna et al.，2011）基于英国工程和物理学科的学者的数据，研究发现在一定程度上，学者的专利行为与发表之间是互补性效应，超过之后便是替代效应，同时还发现不同学科的影响关系存在差异性，如在一些基础学科领域（如物理和化学）存在挤出效应，博德里和阿拉维（Beaudry & Allaoui，2012）基于加拿大纳米技术学者的数据也发现专利对科学生产的影响遵循倒"U"型曲线。

在产学研合作对学者绩效的影响上，现有的研究并未形成统一的观点，一方面，认为存在积极的效应，如巴尔科尼和拉博兰蒂（Balconi & Laboranti，2006）基于意大利电子领域的数据发现，那些与产业进行合作的大学和个人的平均科学绩效并不差于那些没有进行合作的。洛威和冈萨雷斯·布兰比拉（Lowe & Gonzalez Brambila，2007）发现教师企业家的科学生产力相比于同行不仅更高，而且在公司成立后也不会减少。古尔布兰森和图恩（Gulbrandsen & Thune，2017）从科技人力资源视角，关注非学术工作经验的学术型员工与外部利益相关者的互动和研究绩效方面是否与同行存在差异，研究基于挪威大学和学院的4400多份调查数据，发现外部互动受到非学术工作经验的积极影响，但发现很少有迹象表明在非学术工作经验和科学生产力之间需要平衡或者"惩罚"效应。曼努埃尔和侯西内（Manuel & Houssine，2007）研究基于加拿大魁北克6所高等教育机构的科研人员的访谈，发现对于大多数访谈者而言，发表是一名大学研究人员职业生涯中获得晋升和职务的重要元素，然而参与企业的合作项目并没影响发表的数量和质量，而实际上很多大学的研究人员在合作伙伴关系中增加了发表的数量，尽管发表延迟是产学研合作关系中一个重要的刺激因素，然而大学研究人员在与产业合作伙伴的谈判中设法解决了这个问题。曼加雷斯·恩里克斯等（Manjarrés Henríquez et al.，2009）研究产学研关系和学术研究活动是否对大学讲师的科学产出具有互补作用，基于两所西班牙大学的讲师数据，研究发现产学研合同的影响和学术研究活动对科学生产的影响是协同的，但只有当合作研发合同占讲师总资助的比例较低时才产生协同效应。巴纳尔·埃斯塔尼奥尔等（Banal Estañol et al.，2013）关注产学研对项目研究成果质量的影响会产生两种相反的结果，一是合作提高了投资水平，因为合作伙伴带来了资源；二是拥有合作伙伴会增加项目成本，因为他们可能会在合作中遇到各种各样的困难。因此，只有当合作伙伴是有价值的合作伙伴时，和企业的合作能够提升项目研究结果的质量。巴尔科尼和拉博兰蒂（Balconi & Laboranti，2006）认为，为了实现卓越的科学表现，大学需要与产业合作，特别是学术研究人员需要与产业面对面地进行知识交流。阿尔扎和卡拉托利（Arza & Carattoli，2017）基于阿根廷中型大学研究人员形成的产学研联系的案例研究数据，从社会网络视角发现更强的联系可以激发长期双向交互模式的选择，从而为研发机构创造知识效益，相比之下，较弱的关系足以提供服务为研发机构带来经济利益。海默特（Hemmert，2017）从关系机制的视角，研究了产学研合作是促进还是阻碍了大学研究人员获取技术和科学知识的问题，基于韩国147所大学的学者调研数据发现，大学和行业合作伙伴之间已存在关系的强弱、共享的项目治理和决策过程的相似性有助于大学研究人员获取技术知识。此外，这 3 种机制通过技术知识获取间接地与科学知识获取呈现正相关的关系。

而另一方面，认为产学研合作为高校学者带来了负面效应，如沃尔什和黄贤妮（Walsh & Huang，2014）基于日本和美国的数据对比发现，那些参与学术创业活动的科学家更有可能选择出版保密（不发表、延迟发表或不完全的发表），而且日本比美国更普遍。张奔和王晓红（Zhang & Wang，2017）从社会资本的视角研究产学研合作嵌入影响学者绩效的关系，基于哈尔滨工业大学 804 名工程学者的调研数据，发现产学研合作强度对学术研究绩效（学者 h 指数）产生了负面影响，并且关系强度具有正向调节作用，而网络关系的调节作用并未得到支持。李和米奥佐（Lee & Miozzo，2015）通过英国一所研究型大学的物理科学和工程博士学位的原始调查，发现参与产学研项目可能会对学术界或公共研究机构的职业生涯产生负面影响。巴比耶里等（Barbieri et al.，2018）基于意大利的研究数据，发现学术型创业家在建立自己的公司之后，文章发表要少些，这表明成为企业家的研究人员的学术活动普遍减少。

因此，巴纳尔·埃斯塔尼奥尔等（Banal Estañol et al.，2015）提出产学研合作对于学者而言是一把"双刃剑"，产学研合作程度与学术出版呈现曲线的关系，这种关系主要通过想法、时间/注意力、资源和约束 4 个渠道作用于学术产出，而这种机制受到个体特征和合作伙伴匹配关系的影响。

二、国内研究现状

基于国外经典文献的基础和国际研究的 8 组关键词组合，研究设置了国内中文期刊的检索词组合：产学 OR 校企 OR 学术创业 OR 学者创业 OR 学者参与 OR 商业化 OR 技术转移 OR 知识转移 AND 大学 OR 高校 OR 科研团队 OR 创新团队 OR 创新群体 OR 教师，并选取了与研究主题相关的 21 个中文核心期刊①进行检索，获得 396 篇主题文献（1996～2018 年，检索时间：2018 年 11 月），通过精读最终筛选出了与主题相关的 343 篇文献。为了进一步更好地认识国内关于本研究问题的相关研究现状，本书分别从组织层次——大学、团队层次——团队、个体层次——学者三个方面展开论述。

（1）组织层次：产学研合作对高校来说是一把双刃剑。

主题相关文献中大部分的研究是基于组织层次开展的研究，更多的是围绕着高校产学研自身系统的研究、高校知识转移和技术转移研究，以及高校学术商业化等开展相关研究，而且国内目前的研究更多地聚焦在产学研合作绩效或者产学研合作对企业的影响研究上（裴云龙等，2011；樊霞等，2013；黄菁菁和原毅军，2018），而对于高校参与产学研合作的影响研究更是乏善可陈（占侃和孙俊华，2016；张艺等，2018a）。

产学研自身系统的研究，主要有合作动因、合作障碍、合作模式、合作网络和合作绩效等方面。在合作动因上，董美玲（2012）从资源的视角，将驱动因素总结为四类，分别是资金、人才、技术和信息的需求。刁丽琳等（2011）认为学研机构的合作动因主要有：筹措科研经费、获取市场信息、提高科研效率、获得专利、成立衍生企业，以及增加学生实践和就业机会等。秦玮和徐飞（2011）从心理学的视角，将大学参与产学研合作的动机划分为内在动机和外在动机两类，前者是指对知识传播的追求，创造能转化为生产力的科学技术知识，而后者是获得利益性动机，寻求资金资助或提高知名度等。在合作障碍上，胡振华和李咏侠（2012）探索了缓解校企合作过程中方向型障碍和交易型障碍的机制问题，胡冬雪和陈强

---

① 《管理科学学报》《系统工程理论与实践》《管理世界》《中国软科学》《中国管理科学》《管理评论》《南开管理评论》《科研管理》《情报学报》《管理科学》《预测》《运筹与管理》《科学学研究》《中国工业经济》《管理学报》《工业工程与管理》《系统工程》《科学学与科学技术管理》《研究与发展管理》《科技进步与对策》《中国科技论坛》。

（2013）通过文献和实证研究结果发现，影响产学研合作的突出障碍包含：运行机制和组织模式、动力机制、风险和利益分配机制、知识产权保护，以及内部管理和协调机制等。在合作模式上，李成龙和叶磊（2011）基于互动视角将产学研合作模式分成低互动型、中互动型和高互动型三类，王培林和陈芳（2015）基于关系模式理论将合作关系模式分为交易关系、平等关系及亲密关系，李梅芳等（2011）基于调查问卷发现委托研发和合作申报政府课题模式成为高校产学研合作的主要模式。在合作网络上，刘凤朝等（2011）、占侃和孙俊华（2016）、王健和张韵君（2016）基于社会网络视角刻画校企合作网络，不同区域、不同类型高校在产学研合作广度和深度以及整体合作率上存在差异。在合作绩效方面，钟卫（2016）基于合著数据对我国研究型大学产学研合作绩效进行表征，夏丽娟等（2017）基于临近性视角研究产学研合作绩效的影响因素，薛卫等（2010）基于合作治理的视角研究产学研合作绩效问题。

产学研对高校的影响研究，在近几年开始逐步受到关注，但总体看来研究还是少之甚微，李平和刘利利（2015）基于中国各地区高校科研面板10年（2003～2012年）数据验证了政府资助和企业资助强度只有在合理区间里才能使高校科研资助结构达到平衡，才能充分发挥资助对高校科研产出效率的促进作用。刘笑和陈强（2017）基于《2016中国大学评价报告》前100所大学5年（2011～2015年）数据，研究验证了产学研合作数量与学术创新绩效之间的倒"U"型关系。王晓红和张奔（2018）基于我国88所大学8年（2007～2014年）数据，研究再次证明了校企合作与高校科研绩效的倒"U"型关系。占侃和孙俊华（2016）提出校企合作对高校发展的影响符合拉弗曲线，不同级别的高校参与校企合作对高校科研产出存在差异性，对于一般类型的学校，由于校企合作能力相对不足，合作处于相对较低水平，此时不断增加校企合作数量对高校的发展有较为显著的促进作用，而对于重点类型的学校，由于学校科研能力较强，普遍受到企业的欢迎，合作的企业也众多，如果聚焦力量过度参与校企合作，必然会对高校的发展产生一定的负面影响，因此，高校需要审慎、理性参与适度的校企合作。

（2）团队层次：产学研合作对高校科研团队的影响关注较少。

关于对团队层次的研究，相当多的研究聚焦在高校科研团队内部合作、知识共享和创新绩效的相关问题（蔡珍红，2012；于娱等，2013；杨陈和唐明凤，2017），而国内较少有学者关注科研团队参与产学研合作的研究，主要的代表性文献有马卫华等（2012）和张艺等（2018a，2018b）。马卫华等（2012）提出要关注产学研合作高校学术团队核心能力的建设问题，基于广东省的数据验证了产学研合作对于高校学术团队的正式化和学习能力均产生正向的影响。张艺等（2018a）基于社会网络理论，通过东部发达地区大学和中国科学院研究所的科研团队的调研数据，验证了学研机构的科研团队与企业的联结强度对学术绩效存在倒"U"型的关系。进一步，张艺等（2018b）从学习的视角进一步打开产学研合作对学术绩效的作用机理"黑箱"，研究发现产学研合作网络对学术绩效的影响路径复杂，探索性学习和开发性学习是产学研合作网络影响学术绩效的中介效应，线性和非线性作用关系取决于学习类型的差异，具体体现在：对于探索性学习路径，产学研合作网络先通过倒"U"型方式作用于探索性学习，再以线性（正向）方式作用于学术绩效；对于开发性学习路径，产学研合作网络先通过正向线性方式作用于开发性学习，再以倒"U"型方式作用于学术绩效。

（3）个体层次：循着"合作心理—合作行为—结果"展开。

在合作心理方面，主要是基于社会心理学的视角从不同的理论进行研究，如景临英等（2008）基于博弈理论研究不同心理需求的教授会选择不同的企业进行合作。海本禄（2013）基于社会交换理论分别从驱动因素和阻抑因素分析了影响产学研合作研究意愿的问题，研究证实了经济收益和声誉回报的驱动因素是重要的驱动因素，而开放科学与时间成本的阻抑因素对合作意愿也有显著正向关系。温珂等（2016）首次提出科学家与产业合作的矛盾心理这一概念，当市场价值和科学价值两种不同价值取向的激励机制作用于同一个个体时，科学家形成了既想参与产业合作又不愿投入的矛盾心理，而这种矛盾心理因科学家对产业合作对其职业发展的正面和负面影响评价的高低而变得强烈或减弱。除此之外，动机和角色转型也得到广泛关注。在动机方面，如赵文红和樊柳莹（2010）以需求层次理论为基础，关注高校教师专利发明的三类动机，分别是研究支持、知识交流和个人回报。夏清华和宋慧（2011）使用内容分析法对国内外文献进行分析，学者的创业动机包含以下几个方面：个人动机（包含成就动机、独立动机和获取财富的动机）、科研动机（获得科研经费，进一步将知识应用于实践）和外在动机（发现有利的商业机会）。在角色转型方面，主要是关注学者向创业者转型的问题。姚飞（2013）从角色认同理论提出角色认同是影响学者向创业者角色转型的核心概念，准确把握学者学术创业的心理需求才能深入地探究学术创业行为。黄攸立等（2013）基于学术领域与商业领域的相容性和学术受到商业化的威胁性两个维度将学者划分成了四类角色：新兴型、守旧型、勉强型和正统型。

在合作行为方面，学者参与产业合作行为的本质在于高校与企业部门之间进行知识与资源的交换（赵志艳和蔡建峰，2018）。基于行为过程的视角，胡国平等（2016）认为高校教师在参与产学研合作的过程中，存在技术和知识的研发阶段和转移阶段。第一阶段是由教师或者研究团队完成，依据利益最大化的原则来分配时间和精力；第二阶段是高校供给与企业需求进行匹配的过程。基于制度的视角，张慧颖和连晓庆（2015）分析了直接制度和间接制度对大学科研人员产学研合作模式选择的影响效应。基于社会心理学的视角，赵志艳和蔡建峰（2018）研究了部门学术质量和参与动机对学者参与行为的影响关系。除此以外，刘京等（2018）探析了大学科研人员产学知识转移渠道（学术参与、商业化和人才转移）的三类影响因素（个体特征、组织氛围和外部环境）。赵文红和樊柳莹（2010）关注高校教师发明专利行为的影响因素研究，并检验了动机的中介效应。

在结果方面，目前国内讨论科研人员与企业合作对科研活动产生的影响，尤其是学术研究产生影响的文献非常少（赵延东和洪伟，2015；温珂等，2016）。赵延东和洪伟（2015）基于一手数据系统地回答了承担企业科研项目给科研人员带来的影响，产学研合作对学者的影响是一把"双刃剑"。首先，可以带来收入的增加，主持企业项目的科研人员的收入比主持其他项目者要高出4%左右；其次，研究成果更有可能转化为现实生产力，参与产学研合作的科研人员与产业结合更为紧密，研究产出更多的专利；最后，能在一定程度上增加学术论文的产出，但对于高水平学术论文比其他研究者稍有逊色。而陈彩虹和朱桂龙（2014）、温珂等（2016），则基于二手数据研究了这一问题。前者基于社会网络的视角，认为在产学研合作过程中，社会资本有助于高校学者向产业界转移和转化知识，以及获取和利用产业界的知识，进而促进学者个人的绩效，并且通过使用通信行业的电通信技术领域的专利数据，研究显示不同类型的社会资本对学者的学术绩效的影响存在差异，主要表现为程度中心性对学术绩效的影响不显著（技术合作多并不会对其学术绩效产生正向影响），中介中心性对学术绩效产生正向影响（拥有"桥"连接优势，具备技术知识和科学知识双向交互的能力），而团队多样性对学术绩效产生负向影响（合作对象的多样性需要更多沟通交流的时间和精力，增加了沟通成本）（陈彩虹和朱桂龙，2014）。后者以中国科学院的科研人员为研究对象，研究学者的论文发表行为与专利申请行为的关系，研究发现二者存在显著的正相关关系，尤其是对于那些与产业有合作的科学家，其正相关关系更显著，这是因为这类科学家在解决产业实际问题的过程中，可能会发现新的研究领域，来反哺科学家的基础研究工作（温珂等，2016）。虽然企业项目没有挤出科研人员在研究投入的时间和精力，但相比于主持其他项目的科研人员而言，主持企业项目的研究人员将研究工作定位在"应用研究"，研究有倾斜的现象（赵延东和洪伟，2015）。

三、研究缺口

通过梳理国外和国内关于大学产学研合作研究的理论成果，发现学界已逐步关注产学研合作对大学的影响关系研究，但相比于产学研合作对企业的影响研究而言，关注仍然不够。另外，国内外的研究焦点存在一定的差异，国外偏向于个体层次的研究，国内更偏向于组织层次的研究，国内外均未有效地关注团队层次的研究。尽管在各个层次的研究取得了不少具有启发性的成果，但仍然存在以下的不足。

（1）研究停留在验证产学研合作对大学绩效的影响上而缺乏机理的挖掘。

产学研合作对高校的影响，国内外的研究仍然存在不统一的观点，继续从高校组织层次分析产学研合作的影响并不能从深层次挖掘这个不统一现象背后的原因。而实际上，已有研究发现正是大学研究人员的个体特征而非部门或大学特征来主要决定大学研究人员与产业互动的方式。因此，很有必要将研究的重点放在关键角色——高校科研人员的深入认识上。由于大多数高校的研究人员具有高度的工作自主权这一特征，使高校科研人员之间存在较大的异质性，从异质性高校个体的特征出发，研究产学研合作问题更有可能提供全面的图景，使研究更有理论和实践的意义。

（2）个体层次研究更多的是单一视角研究而缺乏一个整合的框架。

由于高校个体层次的研究，一手数据的可得性较差，国内现有研究大多数是基于二手数据的研究结果，国际研究尽管有研究提出个体层次上学者参与产业合作的概念框架，但对此仍然缺乏实证的研究。在个体层次机理的探究上，已有研究从心理学视角尝试通过一手数据进行分析，但研究更多的是停留在认识合作动机或合作行为上，缺乏对具有复杂心理需求的高校学者在参与产学研合作中产生的行为和结果的深入研究，因此很有必要寻求一个整合的框架分析异质性高校个体参与产学研合作对学术绩效影响的差异研究。

（3）缺乏将个体所处的组织情境嵌入个体层次的研究。

国内外研究均缺乏对高校科研团队的学者参与产学研合作的问题认识，而实际上在大科学、小团队的科学系统特征下，更多的研究是团队努力的成果，因此，科研团队是高校创新系统下非常重要的组织单元，很有必要将科研团队的个体作为分析的单元。除了科研团队的组织情境，个体在参与产学研合作的过程中，还存在一个组织情境——产学研合作组织，现有的个体研究忽视了个体与产学研合作组织之间的融合作用。正是由于已有研究未考虑组织情境在其中的作用，因此不能准确地把握个体行为在合作过程中的复杂性特征。

基于以上研究缺口，本书借鉴"动机—行为—绩效"的经典框架，回答本书的核心问题和子研究问题。因此，从以下四个方面开展研究内容，具体情况如下所示。

（1）产学研合作动机对学者的学术绩效的直接影响机理研究。

在个体层次上，从行为心理学视角研究学者参与产学研合作对学术绩效的影响机理：①界定高校科研团队学者参与产学研的合作动机和学术绩效的内涵与外延，并给出具体的衡量指标；②基于自我决定理论和高校科研团队的实践案例，研究产学研合作动机对学术绩效的影响关系并提出相关研究假设；③通过文献研究法，梳理其他可能影响学术绩效的因素，如年龄、性别、职称及学科领域等；④通过收集我国高校科研团队学者的问卷数据进行实证分析，检验概念理论模型和研究假设，分析实证研究结果，并指出对学者参与产学研合作理论和实践的指导意义。

（2）基于个体自身维度下的合作行为，研究合作动机—资源投入—学术绩效的影响关系研究。

在个体自身的行为维度，从投入视角打开合作动机对学术绩效的黑箱：①界定高校科研团队学者参与产学研合作行为在个体自身的行为维度的内涵和外延，并给出具体的衡量指标；②基于社会网络理论和高校科研团队的实践案例，研究资源投入在合作动机对学术绩效的影响关系中的中介效应并提出相关研究假设；③通过收集我国高校科研团队学者的问卷数据进行实证分析，检验概念理论模型和研究假设，分析实证研究结果，为高校学者平衡学术科学活动和商业活动提供现实的指导。

（3）基于个体与环境交互下的合作行为，研究伙伴匹配的调节效应。

在个体与环境交互的行为维度，从匹配视角打开产学研合作对学术绩效影响的黑箱：①界定高校科研团队学者参与产学研合作行为在个体与环境交互的行为维度的内涵和外延，并给出具体的衡量指标；②基于人—组织匹配理论和高校科研团队的实践案例，研究在合作过程中，产学研合作伙伴匹配对个体自身维度的作用路径中的调节效应；③通过收集我国高校科研团队学者的问卷数据进行实证分析，检验概念理论模型和研究假设，分析实证研究结果，为高校科研团队管理和高校的商业激励以及产学研合作实践提供参考。

（4）产学研合作动机、合作行为对学者的学术绩效的组态研究。

立足学者参与产学合作实践场景下，从动机—行为匹配视角，聚焦高校科研团队学者如何在内外部多重因素复合影响下通过产学研合作提升学术绩效：①在学术绩效的生产力维度，讨论产学研合作动机、产学研合作行为对学者学术绩效的不同组态效应；②在学术绩效的影响力维度，讨论产学研合作动机、产学研合作行为对学者学术绩效的不同组态效应。通过模糊性定性比较分析方法总结凝练适配组态和核心驱动模式，进一步为我国高校科研团队通过产学研合作反哺科学研究提供理论和实践的指导。

第三节　研究意义

本书分析了高校科研团队的学者是基于什么样的动机参与产学研合作，如何通过合作行为来平衡双元活动——科学活动和商业活动，进而对学术绩效产生影响的问题，这一研究对于打开高校学者个体层次参与产学研合作的"黑箱"和实现产学研反哺学术绩效提供了理论和实践的指导意义。

在理论上，首先，基于心理学理论，从个体的合作动机进行初探，识别了高校科研团队的学者参与产学研合作的动机类型。在不同类型的动机下，学者基于自身的努力来平衡科学活动和商业活动，从而实现学术个人绩效的最大化。这一路径机理从微观层面上解释了个体层次的高校学者参与产学研合作对学术绩效的影响研究。其次，基于人和组织匹配理论，探讨了高校科研团队的学者是如何选择合适的合作伙伴实现个人与产学研合作组织的融合，进而实现个人学术绩效最大化的问题。这一作用机理加入了组织情境因素，将合作行为拓展到个体与环境交互的维度，探究了不同类型的合作伙伴匹配情境下的产学研合作影响差异研究问题。最后，从产学研合作主体的合作动机和合作行为匹配的视角，探究了如何在产学研合作中驱动高校科研团队学者的学术绩效提升的组态效应，通过对多个相关因素的"联合效应"，为我国高校科研团队通过产学研合作反哺科学研究提供了驱动路径。总体来看，本书拓展了行为学视角下我国大学产学研合作理论的研究，丰富了现有的产学研合作理论。

在实践上，一方面，这一研究为我国高校科研团队的激励管理问题带来了实践上的指导意义，对于高校科研团队的学者个人，为其平衡学术科学活动和商业活动提供了理论的指导，对于高校科研团队的领导者及高校组织而言，了解不同需求的个人，通过不同的激励制度为实现团队整体利益最大化和高校组织目标提供了现实参考。另一方面，这一研究对指导当前我国高校科研团队开展产学研合作实践有重要的意义，不同类型的高校科研团队需要树立不同的产学研合作认识，正视不同的合作需求，尤其是对双一流大学和学科的大学工科领域的学者而言，与产业建立联系是解决产业关键核心技术的重要途径，选择匹配的企业合作伙伴，共同推动科研成果的产业化，通过产学研合作来反哺科学研究是高校科研团队突破原始性创新的关键。

第四节　研 究 方 法

本书采用定性与定量相结合的方式围绕研究的问题展开研究，主要涉及的研究方法包含以下四种。

（1）文献研究法。

结合国内外 Web of science 和知网数据库相关领域核心期刊，检索了大量关于大学产学研合作研究的国际研究和国内研究，基于研究问题和研究内容，对国内外文献进行阅读、整理、归纳和总结，对于本研究主题的发展脉络和作用机制进行理论的探讨，为本书概念理论模型的提出打下坚实的基础。

（2）探索性多案例研究法。

为保证研究的科学合理性，采用半结构化方式对 3 个高校科研团队的16 位学者进行深度访谈，并结合二手资料，如学校网站介绍和内部宣传资料、相关新闻报道、合作企业的公开资料、其他研究者对相关团队和合作企业的研究成果、合作发表的论文和专利等，形成翔实的案例信息，通过多案例对比分析，形成了产学研合作动机对资源投入进而对学术绩效之间关系的初步结果，以及伙伴匹配的调节效应。此外，在对 3 个科研团队的案例研究之外，还对不同研究领域的 3 个科研团队的 6 位学者进行了访谈，对于修正调查问卷、保证问卷设计的合理性具有非常重要的指导意义。

（3）实证研究法。

使用多种数据分析方法对研究数据进行实证分析，检验模型和研究假设的合理性问题。首先，采用 SPSS 20 和 Mplus 7.4 软件对调查问卷的数据进行基本分析，其中包含描述性统计分析、问卷数据的信度和效度检验、层次回归分析等。其次，采用 Mplus 7.4 来检验中介效应和有调节的中介效应，以此判断研究模型和研究假设的成立问题。

（4）模糊集定性比较分析。

模糊集定性比较分析（fsQCA）从整体视角出发，将每个案例视作条件变量的组态，通过案例间的对比分析，找出导致期望结果产生的条件组态（杜运周和贾良定，2017）。采用 fsQCA 的原因主要有以下三点：①传统的回归分析适合探索单个条件变量的"净效应"，而 fsQCA 则能够分析条件变量的组态关系和殊途同归；②fsQCA 充分考虑条件变量间的相互依赖性和化学反应，更加关注因果关系的非对称性；③fsQCA 相较其他定性比较分析方法（csQCA、mvQCA）更能解决变量的程度变化问题和隶属问题，更适合本书的研究。本书使用的分析软件为 fsQCA3.0。

第二章

文 献 综 述

第一节 "动机—行为—绩效"框架研究

"动机—行为—绩效"的研究框架源于心理学和组织行为学研究中的"动机—行为—结果"这一经典框架认识，是"动机—行为—结果"框架在管理学领域应用的延伸。本书借鉴这一研究框架来研究高校学者个体参加产学研合作的动机、合作行为与学术绩效之间的关系。

动机和行为问题是心理学和组织行为学研究领域的重要问题之一，关于动机的定义存在三类：第一，从内在的观点来看，动机是推动人们行为的内在力量，是激励人们去完成行为的主观原因，动机是个体的内在过程，行为是这种内在过程的结果（霍斯顿，1990）；第二，从外在的观点来看，动机是为实现一个特定的目的而行动的原因；第三，从中介过程的观点来看，能维持行为，并将行为导向某一目标，以满足个体需要的念头、愿望和理想等（张爱卿，1996）。关于动机与行为之间的关系问题，一般来看，行为产生的直接动力是动机，而行为是动机的外在表现，而实际上动机与行为之间存在复杂的关系（张德，2011）。卢因行为模型（lewin metal of behavior）是著名研究个体行为的代表，该模型认为行为是个体与环境相互作用的产物（勒温，2004）。

$$B = F(P \cdot E)$$

$$P = \{P_1, P_2, \cdots, P_n\}$$

$$E = \{E_1, E_2, \cdots, E_n\}$$

其中，B（behavior）代表个体的行为；P（personal）代表个体的内在条件和内在特征；P_1，P_2，$\cdots$，P_n 代表构成内在条件和内在特征的各种因素；E（environment）代表个体所处的外部环境，E_1，E_2，$\cdots$，E_n 代表构成环境的各种因素。个体的内在条件更多的是心理和生理两类因素，外部环境包含自然环境和社会环境两类。

关于"动机—行为—结果"的框架认识，主要代表的研究有张德（2011）、张爱卿（1996）以及麦克沙恩和格里诺（2008）。从激励的视角来看动机心理和行为的过程，激励会刺激个体的需要形成动机，进而向着目标前进的行为产生，待目标实现之后会出现新的刺激，形成新的需求，引起新的行为和新的激励过程，具体的个体行为激励模式如图 2－1 所示（张德，2011）。

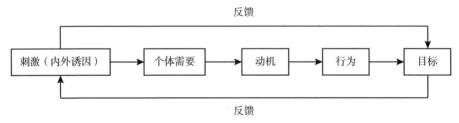

图 2－1　个体行为激励模式

资料来源：张德. 组织行为学（第四版）[M]. 北京：高等教育出版社，2011.

从动机理论来看，动机包含三个因素：内在起因、自我调节和外在诱因，而动机、行为和结果之间的螺旋式循环关系如图 2－2 所示。在这种动机行为模式的认识下，内在的需要由于具有不可观测性，更多的是通过行为显现出来，内在起因需要通过自我调节与外在诱因相联系，从而使行为具有一定的方向性，通过个体的努力实现目标。外在诱因也可以通过自我调节的作用，转化为个体的内在动因，而目标作为行为结果的归因会成为后续行为的动力因素之一，由此产生新的需要，螺旋式循环动机行为模式诞生（张爱卿，1996）。

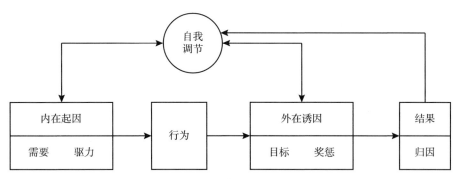

图 2 - 2　螺旋式循环动机行为模式

资料来源：张爱卿．论人类行为的动机：一种新的动机理论构理［J］．华东师范大学学报（教育科学版），1996（1）：71 - 80.

MARS 模型是"动机—行为—结果"的经典模型框架来源之一，该模型是由麦克沙恩和格里诺（2007）在《组织行为学》中提出的理论认识，具体的模型如图 2 - 3 所示。MARS 是模型中影响行为与结果的四个要素的首字母缩写，动机（motivation）、能力（ability）、角色认知（role perceptions）和情境因素（situational factors）。该模型的核心认识之一是个体动机是行为的起点之一，行为是中介，而结果是终点。

在对"动机—行为—结果"框架认识的基础上，我国学者石兴国等（2005）基于美国学者沃兰斯提出的个体行为与绩效模式上进行修正，具体的"动机—行为—绩效"模型如图 2 - 4 所示。该模型认为个体从刺激出发形成动机的过程是一个复杂的心理过程，主要受到内在的个体因素的影响作用，动机会形成可见的行为，由于个体动机的差异导致行为存在差异，最后反映在绩效上，依据绩效进行评价奖惩，再反馈到起点形成一个循环的过程（石兴国等，2005）。

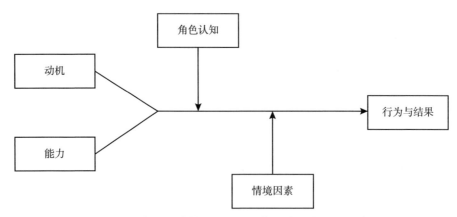

图 2 – 3   个体行为与结果的 MARS 模型

资料来源：史蒂文·麦克沙恩，玛丽·安·冯·格里诺. 组织行为学（第三版）［M］. 北京：中国人民大学出版社，2007.

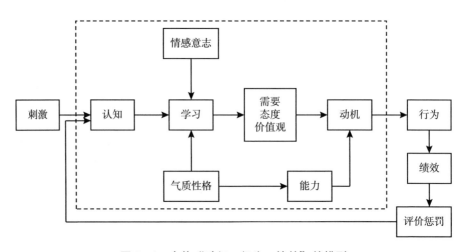

图 2 – 4   个体"动机—行为—绩效"的模型

资料来源：石兴国，安文，姜磊. 组织行为学：以人为本的管理［M］. 北京：电子工业出版社，2005.

　　为了进一步认识动机和行为之间的关系，自我决定理论提供了一个合理解释的视角，具体的作用机制如图 2 – 5 所示。自我决定理论将动机置于一个连续体上，连续体的左极端是无动机，右极端是内在动机，而在连续体的中间位置是外在动机。越靠近动机的左端，个体的行为越接近于非自我决定的状态，而越靠近动机的右端，个体的行为越倾向于自我决定的状态。外在动机进一步依据调节类型的差异划分为外部调节、内摄调节、认同调节和整合调节。无动机则不涉及调节的行为，而内在动机则属于内部调节。在调节的过程中，不同类型的调节对于控制的感知也是存在差异的，对于无调节的无动机个体而言，事件与个人无关；对于外部调节的个体而言，受到外部奖励的影响，更多的是顺从；对于内摄调节的个体而言，受到内部奖励的影响，能对自我的行为进行控制；对于认同调节的个体而言，能认识到外部事件的价值，更在乎个人的重要性；对于整合调节的个体而言，认识到外部事件与自我发展的一致性，能实现自我的融合；对于内部调节的个体而言，其更多的是获得自我的满足感，实现自我价值（Ryan & Deci，2000a）。

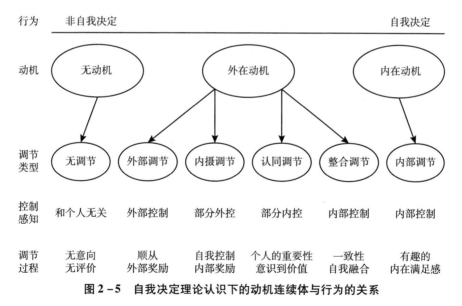

图 2 - 5　自我决定理论认识下的动机连续体与行为的关系

资料来源：Ryan R. M.，Deci E. L. Self-determination theory and the facilitation of intrinsic motivation，social development，and well-being [J]. American Psychologist，2000 （a），55 （1）：68 - 78.

　　基于自我决定理论的研究在心理学和组织行为学领域已得到大量的使用，但在创新领域的应用不多，如赵斌和韩盼盼（2016）研究员工内外部动机驱使主动创新行为产生的影响路径，苏晓华等（2018）研究创业动机与创业绩效的关系，赵斌等（2018）研究科技人员外部目标追求对创新绩效的倒"U"型关系，而在合作创新领域的应用则更是少之又少，主要代表的学者有马蓝和安立仁（2016），他们从企业的角度研究合作动机对企业合作创新绩效的影响机制，从高校的角度基于自我决定理论分析产学研合作创新的研究，主要的代表研究学者有林爱丝（Lam，2011）。

　　林爱丝（Lam，2011）从社会心理学的视角，基于自我决定理论考察了科学家追求商业活动的个人动机的多样性，以及他们是如何受到科学—商业关系的价值导向影响，具体情况如图2－6所示。科学家在进行商业追求的过程中，可能会受到一系列复杂的金钱和非金钱因素的激励。科学奖励制度的一个特征是多维性质，包括勋表、金钱和谜题三个组成部分（Stephan & Levin，1992）。该框架假定商业参与可以是"受控"或"自主"活动行为，这取决于科学家将其相关的价值内化到多大程度。不同类型的动机依据不同的调节方式对其商业活动行为作出反应。坚持传统莫顿的基础科学规范的科学家会认为商业化与他们的个人价值观和目标不一致，这些传统导向型科学家可以基于动机连续体的外在端，并可以使用商业化作为获取资源（如研究资金）的手段，以支持他们对勋表的追求。相比之下，一些科学家可能会出于个人兴趣的意愿而积极地开展商业活动，因为他们完全融入了企业家精神的规范，他们可以被激励去做实际上符合他们自己利益的事情，并且期望的结果既可以是情感的，也可以是物质的。在这种情况下，财务回报可以代表成就和利润，这种以企业家为导向的科学家可以置于连续体的内在动机末端。在极端对立面之间，有理由期望一些科学家对商业活动抱有矛盾的态度，并采取包含传统和企业家特征的混合立场，在一项关于科学家向学术型企业家转变角色的研究中，杰恩等（Jain et al.，2009）观察到这个过程通常涉及一个混合角色身份，科学家将商业导向的元素叠加到学术角色上，这类似于 SDT 描述的认同过程，通过这个过程，人们识别出行为对其自身的价值和重要性（Ryan & Deci，2000a）。这些科学家可以置于动机连续体的中间位置，他们可能在某种程度上具有外在动机，同时在商业追求中具有内在动机。

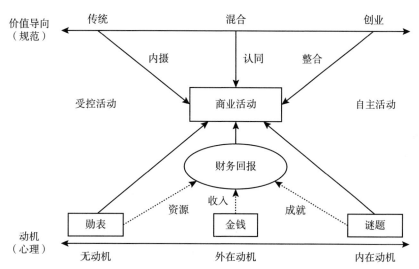

图 2-6 基于自我决定理论的科学家商业活动参与的动机行为框架

资料来源：Lam A. What motivates academic scientists to engage in research commercialization: 'Gold', 'ribbon' or 'puzzle'? [J]. Research Policy, 2011, 40 (10): 1354-1368.

综上所述，可以获得以下几点认识。

（1）动机是回答"为什么"的问题。动机的形成是个体与环境相互作用的产物，既包含内在的个体需要，也包含来自外在的环境刺激。因此，需要从内外部的视角进一步打开动机。

（2）行为是回答"怎么做"的问题。行为是动机的外在体现，动机是行为的直接动力。因此，研究行为问题需要先认识动机，才能深刻地认识行为问题。

（3）绩效是回答"怎么样"的问题，也可以是目标的问题。绩效是行为的结果反映，动机是行为的驱动力，因此研究绩效问题有必要将动机和行为结合起来。

"动机—行为—绩效"的框架认识来源于心理学和组织行为学中的"动机—行为—结果"经典框架认识,尽管在管理学领域得到广泛应用,但其在创新领域的应用较少,主要研究代表有牟莉莉(2011)、于海云等(2015)、马蓝(2016)、马蓝和安立仁(2016)等,这些研究都是从企业的视角研究创新的问题,较少以高校学者个体为研究视角进行研究。尽管有研究从个体层面研究高校学者产学研合作动机与行为之间的关系,但缺乏与绩效相结合的实证研究。因此,本书将高校学者的产学研合作动机、合作行为与学术绩效联系起来,形成一个综合研究框架,来探究合作动机对合作行为与学术绩效之间的联动关系。

第二节　高校科研团队相关研究

一、高校科研团队内涵

从 20 世纪初的小团体,到 20 世纪中的科研小组和科研团队,再到 20 世纪末的科研组织,最后到 21 世纪初的创新研究群体(侯二秀等,2016;高杰等 2018;高杰和丁云龙,2018),其本质关系都是科研合作。科研合作在科学和技术研究领域已成为一种规范。科研合作不仅包含大学研究人员之间的个人层面合作,也有大学研究人员与其他行业,包括产业的研究人员的合作。合作主要是为了扩展知识基础(以知识为中心的合作)和专注于经济价值和财物(以财产为重点的合作)的生产,后者包括大多数学术创业的研究合作(Bozeman et al.,2013)。在本书中,关注的重点对象是科研团队,科研团队是科研项目、科技创新和人才培养的主要实施载体(夏云霞等,2017)。在大科学、小团队的科学系统特征下,更多的研究是团队的努力，科研团队是高校创新系统下非常重要的组织单元（Olmos Peñuela et al.，2014）。

关于科研团队的定义，国内外的研究学者给予了不同的定义，蒋日富等（2007）认为研究成员在2人以上，以探索或解决科技问题为目标，相互合作、存在相对稳定的组织形式的研究小组均可以称为科研团队；郑小勇和楼鞅（2009）认为科研团队是一种知识密集型团队，以创新绩效为导向，具有特殊性的团队工作任务；汤超颖等（2012）认为科研团队是一个能够相互协作并且愿意承担责任的正式群体，科研人员人数不多但知识和技能互补，团队的基准是拥有共同的科研目标，围绕科学技术研究开发展开协作；刘慧（2014）对科研团队的定义与汤超颖等（2012）的定义类似，只是对于科研团队目标的认识存在差异，后者认为科研团队的目的在于科研创新；拉莫斯·比尔巴等（Ramos Vielba et al.，2016）将科研团队定义为：一个稳定的团队，通常由一个领导者和几个在其职业生涯的不同阶段的研究人员组成，团队成员分享目标、资源和研究活动；夏云霞等（2017）则认为科研团队的建立是为了科研项目，科研人员能为共同的科研目标和科研工作承担相应的角色。总结以上的定义，可以发现，科研团队具备以下几个特征：第一，科研项目是纽带；第二，科学技术的研究和开发是内容；第三，成员在2人及以上；第四，相互合作，责任互担；第五，形式可以是正式的，也可以是非正式的网络科研团队。基于以上特征，本书将高校科研团队的定义总结为：由2人及以上的科研成员，以科研项目为纽带，以科学技术的研究和开发为内容，相互合作，共同承担责任的正式或非正式的研究小组。具体的表现形式可以是多个高校科研人员合作形成的科研团队，也可以是一个高校科研人员带领学生形成的课题组，还可以是有企业研究人员参与而形成的研究团队。

二、高校科研团队产学研合作研究

现有关于科研团队的研究，主要聚焦在科研团队本身上，有研究分析科研团队的建设和合作演化机理，如刘云等（2018）和于洋等（2014）对我国科研创新团队的自身建设问题进行研究，高杰等（2018）通过分析创新研究群体的合作网络演化过程，打开了创新研究群体合作网络的黑箱；有研究从知识的视角探究科研团队内部的知识共享问题，如李印平等（2016）分析了大学科研团队知识共享的影响因素；有研究从网络的视角分析了科研团队的合作程度问题，如许治等（2015）检验了高校科研团队合作紧密程度的影响因素；也有研究从绩效的角度研究科研团队，如高校科研团队创新能力（冯海燕，2015）、资源能力（邓修权等，2012）、创造力（高鹏等，2008），于娱等（2014）探究知识共享绩效的影响因素，唐朝永等（2014）分析科研团队创新绩效的影响因素，肖丁丁和朱桂龙（2013）则聚焦在科研团队核心能力构建的影响因素研究。大量的研究聚焦在科研团队自身发展上，对科研团队参与产学研合作的研究相对较少，如马卫华（2011）从演化的视角研究产学研合作对高校学术团队核心能力的作用机理问题，张艺（2017）从网络的视角研究产学研合作网络对科研团队学术绩效的影响，奥尔莫斯·佩涅拉等（Olmos Peñuela et al.，2014）则重点关注社会和人文科学的科研团队知识转移活动过程，拉莫斯·比尔巴等（Ramos Vielba et al.，2016）从行为的视角，分析科研团队参与产学研合作的动机和障碍因素。

综上所述，我们发现尽管开始有研究对科研团队参与产学研合作进行了初探，但合作的黑箱依然没得到有效的打开，而实际上，科研团队在参与产学研合作时，涉及两个边界组织，一个边界条件是科研团队组织和企业之间的合作，另一个边界条件是关于个人层面研究人员的合作（Bozeman et al.，2013）。博兹曼等（Bozeman et al.，2013）还指出，在打开合作研究的黑箱时，不仅要关注合作者、合作过程，以及组织的相关因素问题，还要更多地关注多层次的分析及其间的相互作用，更加关注合作者的动机和协作团队的社会心理。尽管拉莫斯·比尔巴等（Ramos Vielba et al.，2016）关注科研团队的个体研究人员参与产学研合作的动机问题，但这些研究却忽视了研究人员所处的环境问题，而且很少有研究探索合作者与合作过程之间的个人关系和合作给科研团队的成员带来的影响问题。因此，为了解决这一问题，必须进行大规模的调查和对学术科学家的访谈，以便了解科研团队的个体研究人员参与产学研合作选择的心理因素和带来的学术绩效影响问题。

第三节 高校个体层次下的产学研合作

在本书中，关注的是个体层次的大学产学研合作，因此有必要对个体层次的三个重要概念进行差异性分析，这三个概念分别是学术参与、学术商业化和学术创业。

一、学术参与

学术参与（academic engagement）这一概念被广泛关注，是在珀曼等（Perkmann et al.，2013）的文章中，学者参与是学术型研究者与非学术研究组织基于知识的合作，也有研究将学术参与认为是非正式的技术转移，尽管更多的交互是以正式的合同为准。学术参与是将学者的知识转移到产业领域的重要途径，一些企业认为这比将大学的专利进行许可更有价值（Cohen et al.，2002）。穆西奥等（Muscio et al.，2017）将学术参与的除了传统的教学和科研之外的第三使命的活动都称为学术参与。学术参与不是一个最新的现象，尤其是那些将实践视为使命的学校（Mowery & Nelson，2004；Perkmann et al.，2013）。珀曼等（Perkmann et al.，2013）分别从组织和目标两个维度对学术参与进行定义。首先，学术参与是组织之间的合作，一般涉及的是个人与个人的交互（Cohen et al.，2002），交换条件是合作双方纯粹是为了财务补偿，即合作是为了费用，也有一些是为了非财务的利益，如为了获得材料或者数据等。其次，合作伙伴追求的目标更广泛，比如，学者可能提供自己的专长帮助合作组织的有应用导向的议题提供新的想法、问题解决和建议方案等。而实际上，最简单的判断学术参与的方式是从合作的模式角度来看，合作研究、合同研究、咨询和非正式的产学研合作关系是学者参与的具体表现形式（Perkmann et al.，2013；刘京等，2018）。珀曼等（Perkmann et al.，2013）基于36篇核心文献的研究数据，系统化地从个体、组织和制度三个层面，总结了学术参与的前因后果，构建了学术参与的分析框架，如图2-7所示。

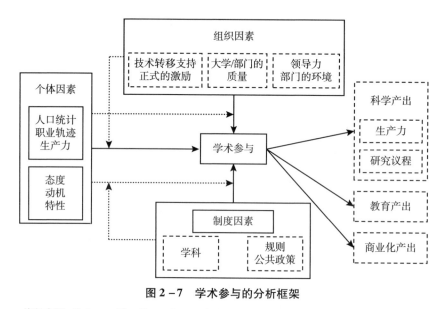

图2-7 学术参与的分析框架

资料来源：Perkmann M.，Tartari V.，Mckelvey M.，et al. Academic engagement and commercialisation：A review of the literature on university-industry relations [J]. Research Policy，2013，42（2）：423-442.

二、学术商业化

学术商业化（academic commercialization）是一种将学者的研究进行商业化从而为经济和社会作贡献的模式，其包含专利、许可和创业等（Perkmann et al.，2013）。刘京等（2018）将商业化定义为知识产权创造和学术创业活动。研究商业化（Lam，2011；Wu et al.，2015）、技术商业化（Markman et al.，2008）、商业化科学（Toole & Czarnitzki，2010）、大学商业化（Heng et al.，2012）都是学术商业化的另外一种表达。商业化常常作为学术影响产生的一个结果，其作为学术研究产出是可以衡量的而且受到广泛的接受（Markman et al.，2008）。在欧美发达国家的大学，此项工作一般是有专门的组织来支持大学学者研究的商业化问题，如技术转移办公室（TTO）、科技园和孵化器等（Siegel et al.，2003b）。

学术商业化和学术参与是存在差异的，具体表现在：第一，学术参与是一种合作的关系，而学术商业化更多的是可能通过学术创业进行的技术转移；第二，商业化意味着学术发明被利益化，目的是获得经济回报，相比之下，学术参与有更广泛的目的，并且针对不同的目标追求不同的方式。尽管存在以上差异，二者之间又存在着一些联系，事实上，商业化通常被看成学术参与的结果或者是后续的活动。换句话说，学术参与往往在商业化之前，但在某些情况下，学术参与可能伴随着商业化，如当衍生企业与其来源的大学实验室进行合作的时候（Perkmann et al.，2013）。学术参与和商业化的主要渠道表现形式和差异比较分别如表2-1和表2-2所示。

表2-1　　　　　学术参与和商业化的渠道形式（高校学者视角）

渠道	具体方式	方式描述
学术参与	合作研究	高校科研团队或学者、企业研发人员以及其他利益相关方共同参与的研究活动，以实现某一（些）研发目标
	合同研究	企业委托高校科研团队或学者开发研究合同的形式，实现企业的某一（些）研发目标
	咨询	高校科研团队或学者围绕企业具体的问题提供解决方案的活动
	培训	高校学者以授课的方式为企业提供相关知识或技能培训的活动

续表

渠道	具体方式	方式描述
学术参与	非正式合作	高校学者通过与企业成员的人际网络提供一些非正式建议的活动
商业化	知识产权创造	高校科研团队或学者通过技术转让或许可的方式开展的活动
	学术创业	高校科研团队或学者通过将科研成果产业化而进行的创业活动

资料来源：刘京，周丹，陈兴. 大学科研人员参与产学知识转移的影响因素：基于我国行业特色型大学的实证研究［J］. 科学学研究，2018，36（2）：279－287.

表 2－2   学术参与和商业化的比较

变量	学术参与	学术商业化
个体层次决定因素		
性别	+	+
年龄	o	o
职称	+	o
先前商业化经验	o	+
政府资助	+	o
企业资助	+	o
科学生产力	+	+
组织层次决定因素		
大学/部门质量	－	+
组织支持	o	+
激励系统	o	o
组织商业化经验	o	+
同行效应	o	+
制度层次决定因素		
应用学科	+	+

续表

变量	学术参与	学术商业化
生命科学/生物科技	o	+
国家规制/政策	o	+
影响		
科学产出	o	+
商业产出	o	n/a
向应用研究倾斜	o	o
保密增加	o	+
合作行为	+	+
教学	o	o

注: +代表至少在一些研究中是正向效应, –代表至少在一些研究中是负向效应, o代表模糊的效应或没有足够的证据, n/a代表不适用。

资料来源: Perkmann M., Tartari V., Mckelvey M., et al. Academic engagement and commercialisation: A review of the literature on university-industry relations [J]. Research Policy, 2013, 42 (2): 423 – 442.

三、学术创业

大量文献试图定义和解释创业的本质, 大部分研究建立在熊彼特 (Schumpeter, 1934) 和柯兹纳 (Kirzner, 1973) 的认知之上 (Abreu & Grinevich, 2013), 在本书中并不将创业作为重点, 而是认识源于学术界的创业活动的本质, 通常称为是学术创业 (academic entrepreneurship)。学术创业存在广义和狭义之分。从狭义来看, 罗伯茨 (Roberts, 1991) 将学术创业定义为由一位研究人员创立的新公司, 该研究人员曾在技术起源的实验室或学术部门工作过, 而谢恩 (Shane, 2004) 则完全聚焦于衍生企业, 将其定义为一家新公司, 旨在利用在学术机构中创造的知识产权。

一些学者则认为对于学术创业的定义应该得到扩展, 如埃茨科维茨 (Etzkowitz, 2003) 提出创业型大学, 其认为创业型大学的两个关键因素分别是发展跨越机构边界的商业化研究的组织机制和将学术和非学术元素整合到一个共同的框架中，这种认识超越了衍生企业、专利和许可活动进行的研究商业化。同样，杰恩等（Jain et al.，2009）认为具有一定潜在商业利益的任何形式的技术转让都可以定义为学术创业。阿布雷乌和格里涅维奇（Abreu & Grinevich，2013）将创业活动定义为超越传统的教学和研究的角色而开展的活动，具有创新性和风险性，并且能够为个体的学者或者其机构带来经济回报。因此，学术创业的概念得到进一步扩展，广义下的学术创业活动既包括当前大多数认识的基于专利展开的活动，如许可和衍生企业，也包含非正式的商业和非商业的活动，但这些活动的本质是创业型的活动。创业活动分成三类：第一类，正式的商业活动，涵盖了狭义上的学术创业活动、许可和衍生企业，这类活动集中于可以使用正式的知识产权（如专利）保护的技术发明，因此可以通过现有的机构（如技术转移办公室）实现商业化；第二类，非正式的商业活动，包含通过商业交易的创业型活动，但这些活动基于使用的知识是专利等正式的保护方法无法保护的，本质上知识更具有隐性特征，此类的活动主要包含咨询、合同研究和合作研究项目等；第三类，非商业类活动，包含提供非正式建议，或者举办会议等，这类活动的知识是高度隐性的，而且很难受到知识产权的保护，或者所涉及的学者不愿意或者无法保护的知识。因此，这类活动通常是非正式安排的，并且通常是基于其他原因而没有直接的财务奖励，如提高学术或机构的声誉和声望，建立关系以获得更多的商业活动，具体的学术创业活动如图 2-8 所示。

综上所述，学术参与、学术商业化和学术创业三者之间的关系存在相关性又存在重叠性，尤其是前两者和后者之间。通过学术参与和学术商业化的对比研究，发现二者对于科学产出的影响存在差异，尤其是学术参与对科学产出的研究是缺乏的，而且学术参与更多的是基于知识的合作，其合作的动机不同于商业化的是它的异质性更高，因此，在本书中，聚焦学者参与产学研合作过程中的科学产出问题进行研究。

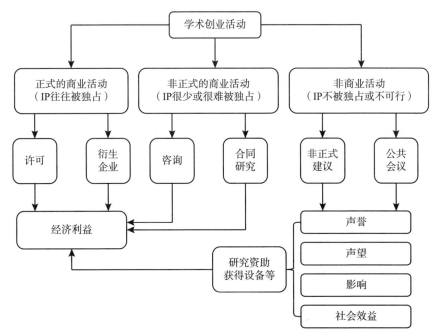

图2-8 基于不同类型的知识和不同知识产权保护分类下的学术创业活动

资料来源：Abreu M. , Grinevich V. The nature of academic entrepreneurship in the UK: Widening the focus on entrepreneurial activities [J]. Research Policy, 2013, 42 (2): 408-422.

第四节　合作动机相关研究

一、合作动机的内涵

　　动机是激发和维持个体行为的心理倾向或驱动力。动机最早被应用于心理学，其被认为是决定行为的重要因素。作为高校科研人员个体，在莫顿规范的规制下，个人的研究兴趣是最重要的内部驱动因素，而随着大科学时代的到来，科研人员开展科研活动不仅可以带来经济收益，还可以带来名誉和社会地位。因此，高校科研人员的行为越来越带有"经济人"的特征（李小宁和田大山，2003）。在本书中，合作动机是指高校科研人员参加产学研合作行为的动力。

二、合作动机的分类及测度

现有的学者对科研人员参与产学研合作的动机分别从个体（D'Este & Perkmann，2011；Lam，2011；Iorio，2017；Huang，2018）、团队（Ramos Vielba，2016）和组织（Oliver，1990；Spyros Arvanitis et al.，2008）三个层次进行了分类研究，存在三维度、四维度和六维度之说，具体的研究情况如表2-3所示。

表2-3 产学研合作动机的层次、维度和题项或含义的相关研究

文献	层次	维度	题项或含义
德埃斯特和珀曼（D'Este & Perkmann，2011）、黄清英（Huang，2018）	个体	四维度	商业化动机	1. 个人工资的来源；2. 寻求知识产权
			学习动机	3. 产业问题的信息；4. 从产业获得反馈；5. 产业研究的信息；6. 研究的应用；7. 成为网络的一部分
			获得资助动机	8. 从产业获得研究收入；9. 从政府获得研究收入
			获取实物资源动机	10. 获得材料；11. 获得研究专长；12. 获得设备
林爱丝（Lam，2011）	个体	三维度	金钱动机（财务资助）	1. 提高个人的收入
			勋表动机（声誉/生涯奖励）	2. 提高资助水平和提供其他研究资源；3. 建立个人或专业网络；4. 为学生提供实习或工作的机会
			谜题动机（内部的满足感）	5. 研究结果的应用和利用；6. 为知识交换或转移创造机会；7. 满足求知欲

续表

文献	层次	维度		题项或含义
伊奥里奥等 (Iorio et al.，2017)	个体	三维度	资助动机	1. 基础研究获得额外的资源；2. 为研究团队获得更多的资源
			学习动机	3. 获得互补性的能力；4. 强烈的研究倾向；5. 想法和经验的交换；6. 为员工或学生提供现场体验；7. 获得额外的研究见解；8. 员工或学生的工作前景
			使命动机	9. 运用自己的专长解决实践问题；10. 为研究结果实现应用；11. 扩展大学的使命；12. 一项特别技术的扩散；13. 研究结果的扩散；14. 促进当地的发展；15. 提高科学的声誉
拉莫斯－比尔巴等 (Ramos – Vielba et al.，2016)	团队	三维度	推进研究的开展	1. 了解其他实体开展的研究的最新情况；2. 加入专业网络或增加专业关系；3. 获得科学研究的外部观点；4. 帮助研究团队访问所需的设备或基础设施；5. 获取非学术专业人士的专业知识
			获得财务资源	6. 在研究中获得收入作为工资的补充；7. 为科学研究获得资金；8. 尝试将科学成果商业化
			知识的应用	9. 为解决社会、经济或技术问题作出贡献；10. 检查研究的有效性和实际应用；11. 让研究人员了解其他代理商的需求
奥利弗 (Oliver，1990)	组织	六维度	必要性	为了满足必要的法律或者法规的要求
			不对称性	组织的一方行使权力或者控制了另一方组织的资源，即资源的稀缺性导致了合作
			互惠性	组织间的合作、协作和协调，而不是权力和控制的关系，组织间更多的是追求彼此双赢的目标或利益

文献	层次	维度	题项或含义
奥 利 弗（Oliver, 1990）	组织	六维度	效率性	追求利益的最大化和成本的最小化
			稳定性	不确定环境下的适应性反应
			合法性	通过组织间的联系来提升声誉、形象或者声望
斯皮罗斯·阿瓦尼蒂斯（Spyros Arvanitis et al.，2008）	组织	四维度	从商业部门获取特定知识或从大学研究成果、实践经验和应用机会获得反馈的可能性	1. 获得互补性能力；2. 研究推动；3. 与企业研究人员交换经验；4. 为学生提供实践经验；5. 研究领域获得额外的见解；6. 在实践中检验自己的研究发现；7. 提高特定技术的扩散
			一系列制度性和战略性的长期目标，例如，扩展大学的使命范畴，改善科学形象，促进区域发展，促进研究成果的传播等	8. 确保学生的良好就业前景；9. 在大学的学术顾问机构中有业务代表的存在；10. 扩大大学的使命范围；11. 促进重要发现的传播；12. 促进区域发展；13. 改善科学的形象；14. 促进商业成功；15. 为公共资金参考；16. 只能在合作中开展的应用研究；17. 为课程获得实践问题的知识
			直接地获取基础研究或研究设施的额外资源	18. 为基础研究获得额外的资源；19. 为研究设施获得额外的资源；20. 商业资金比公共资金更灵活
			间接地追求成本和时间节省或获得昂贵的专业技术设备等	21. 节约成本；22. 节约时间；23. 获得技术设备和专有技术

（一）学者个体层次

从心理学理论的视角研究学者个体层次的产学研合作动机分类问题，普遍受到研究者的青睐，而内外部动机的分类法普遍被研究者们所接受（Osterloh & Frey，2000；Lam，2011；Hung et al.，2011；Aalbers et al.，2013；Iorio et al.，2017；Escobar et al.，2017）。埃斯科瓦尔等（Escobar et al.，2017）将高校学者参与知识和技术转移的动机划分为内在动机和外在动机两类：前者包含自我的满足感，体现在对科学的偏好上；后者包含金钱奖励、晋升、资助和研究支持等。林爱丝（Lam，2011）将学术科学家参与研究商业化的目的分成三类，分别是外部的财务奖励和声誉或生涯的奖励，以及内部解决难题的自我满足动机。伊奥里奥等（Iorio et al.，2017）考虑学术科学家参与知识转移活动的三类重要动机，分别是外部的资助动机（获得财务上的资源）、学习动机（获得互补的能力、知识或者想法的交换）和兼具内外部动机的使命动机（反映的是亲社会行为）。阿尔伯斯等（Aalbers et al.，2013）认为个体参与创新网络的外部动机是受到目标的驱使，主要有组织的资助或者在执行某项活动中获得的收益，而内部动机主要是受兴趣和满足感的驱动。德埃斯特和珀曼（D'Este & Perkmann，2011）发现英国的大学学者参与产学研合作的动机可以分为四类，分别是技术或者知识的商业化利用、学习、资助的获得和资源的获取。萨莱赫和奥马尔（Salleh & Omar，2013）发现马来西亚的大学学者的动机主要有四类，分别是新技术的转移、从政府或企业获得研究资金、新技术的开发和通过企业进行产品的商业化。黄清英（Huang，2018）发现中国台湾地区大学学者的合作动机分为五类：商业化、学习、获得资源、获得资助和教学。

（二）科研团队层次

目前，从团队层次研究产学研合作动机的研究尚未得到广泛关注，主要是以拉莫斯·比尔巴等研究者为代表，其研究科研团队参与企业和政府部门合作的动机，主要有三类动机，分别是推进研究的开展，主要是通过外部的网络和设备来支持研究的顺利发展；知识的应用，常常解释为一种应用知识和为社会经济和技术解决问题的内在推动力；获得财务资源，作为一种获得外部资助的外在动机（Ramos Vielba et al.，2016）。拉莫斯·比尔巴等（Ramos Vielba et al.，2016）还将团队层次的三个动机与林爱丝

（Lam，2011）提出的个人动机的三个方面进行了匹配，推动研究的进展类似于资助动机，知识的应用类比于难题动机，而获得财务上的资源可等同于金钱动机。也有研究者发现，在研究过程中重点关注研究的社会影响的科研团队更容易参与知识转移活动（Olmos Peñuela et al.，2014）。

（三）共同体组织层次

不管是学者个人还是科研团队，在和企业进行合作的过程中，最终都会形成合作共同体，这个共同体可能是虚拟组织也可能是实体组织。组织的形成原因，便是组织间关系理论所能解决的主要问题。奥利弗（Oliver，1990）整合之前关于组织间关系理论的研究，提出了六类普适性的组织间关系形成的决定要素，分别是必要性、不对称性、互惠性、效率性、稳定性以及合法性。尽管六类要素之间是相互独立的，但在实际组织间关系建立的过程中，六类要素是相互作用、相互促进的。该理论存在两个限定的假设，第一，组织是有意识地、有目的地去建立组织间的关系，由于存在随机的选择，所以组织的动机可能大部分都是无关紧要的，或者是误导的，或者是偶然发生的，因此提出假设组织是有目的的，是为了特定原因而建立组织间的联系；第二，解释的视角是组织层次，即组织与组织之间的联系，尽管有些是发生在两个组织间的子单元，或者是个人之间等更低层级（Oliver，1990）。也有研究学者借鉴奥利弗（Oliver，1990）提出的组织间关系理论中影响组织间关系形成的六要素，进而在大学和企业参与知识转移活动中寻求一个匹配的动机分类（Ankrah et al.，2013）。

学术界对于产学研合作的动机研究已有一些较为深入的探讨，从最初的将合作动机内含在其他的研究中，到一些学者分别从心理学理论和组织间合作理论的不同层次上尝试打开合作动机这个"黑箱"。为了更加直观地理解产学研合作动机，将现有文献的研究结果整合成一个大学视角下的多层次产学研合作动机框架（见图2-9）。需要明确的是以下几点：

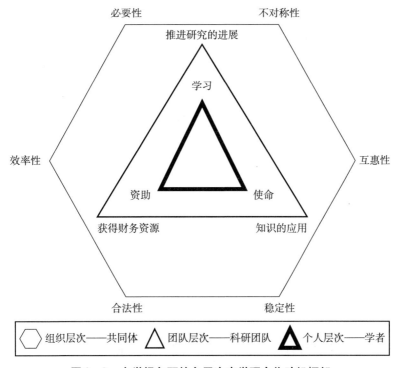

必要性　　　　　　　　　　不对称性

推进研究的进展

学习

效率性　　　　　　　　　　互惠性

资助　　　　　使命

获得财务资源　　　知识的应用

合法性　　　　　　　稳定性

组织层次——共同体　△ 团队层次——科研团队　▲ 个人层次——学者

图 2 - 9　大学视角下的多层次产学研合作动机框架

（1）整个框架涉及三个层面，分别是组织层次、团队层次和个体层次，层次间存在一个递进关系，但又相对独立。

（2）组织层面，更多的是强调一个产学研合作共同体形成的六要素模型，而在个体层次和团队层次，更多的是动机的分类问题。

本书借鉴伊奥里奥等（Iorio et al. , 2017）的动机分类，将高校学者参与产学研合作的动机分成资助动机、学习动机和使命动机三类。此分类方式相比于林爱丝（Lam，2011）的分类方式有交叉和重叠部分，但伊奥里奥等（Iorio et al. , 2017）的分类更完善且更综合，尤其是加入使命动机，更是在包含了个人维度的难题动机基础上将其扩展到社会维度的亲社会行为。而且，这一分类方式更契合自我决定理论。自我决定理论（self-determination theory，SDT）为检验多样化的人类动机和社会价值以及规范之间的关系提供了一个标尺，该理论认为动机是外部的规制过程和个人内在对自治和自我决定的需求相互作用的结果，因此可以预知潜在的行为后的动机（Ryan & Deci，2000b；Lam，2011；Koo & Chung，2014）。基于自我决定理论的认识，资助动机属于外在动机，个体的行为受到外部控制的调节作用；使命动机属于内在动机，个体的行为受到内部控制的调节作用；而学习动机介于外在动机和内在动机之间，个体的行为受到部分内控的调节作用。

资助动机，也叫声誉动机或者勋表动机，其主要是指学者在和企业联系的过程中，获得财务的补偿从而支持研究和声誉的构建，还包括获得同行的认可（Lam，2011；Iorio et al.，2017；Hung et al.，2011）。资助动机不仅包含内部的奖赏，如为研究获得更多的资源，还包含与金钱类相关的外部奖励，如提高工资收入、实现财务的富裕（Lam，2011）。研究者发现，对于学者而言，参与产学合作最主要的动机是对于自己研究获得的支持，其次是提高他们的教学能力（Lee，2000）。林爱丝（Lam，2007）提出一些学术科学家在和企业建立联系的过程中主要是受与职业生涯相关的动机的驱使。在竞争日益激烈的晋升过程中，合作项目可以给博士后或者更早期职业生涯的学者带来机会（Lam，2007）。尽管有研究发现金钱类的激励在整个技术转移的活动过程中占有重要的角色（Friedman & Silberman，2003；Albert et al.，2005），但也有一些研究发现这种货币支付的力量更多地在专利和衍生企业过程中占有重要的分量（D'Este & Perkmann，2011；Muscio et al.，2017）。在生命科学领域发现专利具有更高的金钱价值，因此一些研究者偏好通过专利来增加他们的收入，而在物理科学领域，因为获得较少的金钱回报，所以专利往往不具有吸引力（Owen Smith & Powell，2001）。尽管学者们已经意识到产学研的价值所在，但是不得不面对的一个现实问题就是，学者在考虑合作的过程中，将工资作为优先级，其次才考虑其他的动机（Malik，2013）。也有研究发现学者更倾向于非金钱类的激励（Aznarmárqez，2008），对于政策制定者而言，非金钱类的激励对于实践操作更具有难度。

学习动机，主要是指在和企业合作的过程中，获得互补性资产和进行思想上的交流从而提升学者的研究（Iorio et al.，2017）。学习动机具体有以下表现：获得互补性能力、思想和经验上的交流、强烈的研究倾向、在个人研究领域的进一步见解、为学生提供现场体验和为学生提供就业机会等（Lam，2011；Iorio et al.，2017）。研究发现往往受到学习动机驱使的学者在参与产学研合作过程中，更容易建立长期的合作关系和构建共同的知识库，信任关系也更强烈，有助于解决大型复杂的问题和交换隐性知识（Baba et al.，2009；Iorio et al.，2017）。学习动机尽管对知识转移行为有促进作用，但在以意大利学者为样本的实证研究中发现，学习动机对知识转移行为的宽度和深度均无显著影响（Baba et al.，2009）。

使命动机，大学的传统使命是教学和科研，然而一些学者呼吁大学应该有第三使命，即成为创业型大学从而为国家经济的发展作出贡献（Etzkowitz，1998；Etzkowitz et al.，2000；Huang & Chen，2017）。因此，大学通过各种机制来鼓励和促进教师和学生参与到创新创业活动中。对于大学而言，适当地进行商业化活动，有助于实现对社会贡献的最大化（Huang & Chen，2017）。社会责任论认为学者们从事"公共产品"的生产，对于解决国家的迫切需要负有社会责任（Yong，1996），对于学术科学家而言，他们为自己的研究工作能够在经济价值上作出贡献，同时具备科学价值而感到自豪（Shinn & Lamy，2006）。因此，使命动机主要是体现为一种亲社会行为的动机，以实现研究的社会影响（Iorio et al.，2017）。大学的使命是产生新的知识，而企业的使命是从研究中获得利润（Ramli & Senin，2015）。研究发现，一些科学家在与中小企业合作进行知识转移时，主要是受使命动机的驱使，从而实现其对社会作贡献的愿望（Rizzo，2015）。使命动机不仅包含社会维度的亲社会行为，而且包含个人维度的自我满足感，主要是从投入到知识应用或者转移中的自我满足感和对好奇心的满足（Lam，2011；Iorio et al.，2017）。一些学者偏好在挑战创造性的活动过程中寻求自我的满足感，而这种自我的满足感往往是那些致力于成为科学家的学者的迫切愿望。在莫顿科学规范中，科学家们总是在一个相对有限的科学界里发现和寻找至关重要的真理（Lam，2011）。然而，研究发现往往那些纯粹地受到个人维度难题动机驱使的学者在参与产学研合作的过程中较少关注外部合作组织对研究成果的应用性和实用性（Iorio et al.，2017）。

第五节　合作行为相关研究

一、合作行为内涵

合作是指两个或两个以上的个体，通过相互之间的配合和协调来实现共同目标，最终个人利益也获得满足的一种社会交往活动。兰德和诺瓦克（Rand & Nowak，2013）认为合作是一个个体通过付出一定的代价来帮助他人获得利益。严敏等（2015）从项目的角度，将合作行为定义为：一种为了达到合作方共同的目标以及进一步地维持和发展合作伙伴关系所开展的联合行动。马蓝和安立仁（2016）从企业的角度，将合作行为定义为：为了获得某项目标所产生的行为方式。在产学研合作情境下，现有的研究分别从企业和高校两个角度进行合作行为的定义。钟静（2015）从企业的视角，将产学研合作行为定义为在合作过程中主体间的沟通方式、重视程度、决策方式、协调方式、学习与成长和实施方式。从高校的角度，温珂等（2016）将科学家参与产业的合作行为定义为：科学家参与合作创新的行为选择，赵志艳和蔡建峰（2018）将学者与产业合作的行为定义为：高校与产业部门之间知识与资源的交换。而在本书中，我们更关注个体行动者的合作行为，因此，我们将合作行为定义为：高校科研人员在产学研合

作过程中为了实现合作目标以及维持和发展合作伙伴关系而对自己的行为
做出的行动。

二、合作行为维度

现有的研究对高校的合作行为进行了大量的研究，分别从模式视角、
程度视角、过程视角、关系视角、经济学视角和策略视角等角度进行研
究，具体的情况如表 2 - 4 所示。

表 2 - 4　　　　　　　　合作行为的相关研究

视角	维度	具体表现	主要代表文献
模式视角	活动	会议、咨询和合同研究、实体设备的创造、培训和联合研究	德埃斯特和帕特尔（D'Este & Patel，2007）
		科学产出、非正式联系和大学毕业生作为雇员，人员流动，合作和合同研究，通过校友或专业人士联系，专门组织的活动，专利和许可	贝克斯和弗雷塔斯（Bekkers & Freitas，2008）
		通用联系和关系联系，前者包含人力资源的转移或流动、科学发表、知识产权，后者包含非正式的想法资源、服务研究和合作伙伴关系	琼斯和格拉西拉（Jones & Graciela，2016）
	治理	制度模式和个人契约模式，前者是由大学通过其行政机构进行调解的，而后者是企业与个人学者之间的约束性合同协议，而在没有大学直接参与的情况下进行	弗雷塔斯等（Freitas et al.，2013）
	努力	协调努力、并行项目、象征性合作	图恩和古尔布兰森（Thune & Gulbrandsen，2014）
程度视角	两维度	宽度和深度	王元地等（Wang et al.，2015）、伊奥里奥等（Iorio et al.，2017）、谢园园等（2011）
	三维度	密度、宽度和深度	费舍尔等（Fischer et al.，2018）

视角	维度	具体表现	主要代表文献
过程视角	两阶段	技术和知识的研发阶段和转移阶段	胡国平等（2016）
		研发投入阶段和产业化阶段	刘克寅等（2015）
		启动阶段和实施阶段	拉贾洛和瓦迪（Rajalo & Vadi，2017）
	三阶段	准备阶段、运行阶段、终止阶段	吴悦和顾新（2012）
关系视角	战略关系	战略依赖和组织自治，行为模式划分为四个象限，分别为 model 1（象牙塔）、model 2（需求导向）、model 3（创业型研究）、model 0（无交互）	库雷克等（Kurek et al.，2007）；扎莱夫斯卡-库雷克等（Zalewska - Kurek et al.，2018）
经济学视角	委托代理	积极合作的努力行为和消极合作的偷懒行为	李盛竹和付小红（2014）
	博弈论	机会主义行为和互惠主义行为	唐丽艳等（2017）
策略视角	三维度	主动性、选择性、主题相关性	卡拉特等（Callaert et al.，2007，2015）
行为视角	三维度	资源投入强度、合作开放度和合作透明度	党兴华等（2010）
		资源投入、沟通交流和组织决策	孙杰（2016）
		资源投入、交流沟通和信息共享	秦玮和徐飞（2011，2014）
	两维度	沟通交流和信息共享	钟静（2015）

（一）模式视角

从活动的角度，如德埃斯特和帕特尔（D'Este & Patel，2007）将产学研交互分成五组，分别是会议、咨询和合同研究、实体设备的创造、培训和联合研究。贝克斯和弗雷塔斯（Bekkers & Freitas，2008）通过聚类的方法，将知识转移渠道分成六类，聚类一：科学产出、非正式联系和大学毕业生作为雇员；聚类二：人员流动；聚类三：合作和合同研究；聚类四：通过校友或专业人士联系；聚类五：专门组织的活动；聚类六：专利和许可。琼斯和格拉西拉（Jones & Graciela，2016）将产学研交互划分为两类：通用联系和关系联系，前者包含人力资源的转移或流动、科学发表、知识产权，后者包含非正式的想法资源、服务研究和合作伙伴关系。张慧颖和连晓庆（2015）采用正式和非正式的分类方式，前者包含专利许可、专利转让和学术创业，后者包含合同研究、合作研究和学术咨询。刘京等（2018）将大学科研人员产学知识转移渠道划分为三类，分别是学术参与、商业化和人才转移。从治理的角度，弗雷塔斯等（Freitas et al.，2013）将产学研互动模式划分为制度模式和个人契约模式，前者是由大学通过其行政机构进行调解的，而后者是企业与个人学者之间的约束性合同协议，而在没有大学直接参与的情况下进行。从努力程度的角度，图恩和古尔布兰森（Thune & Gulbrandsen，2014）将产学研合作模式划分为：（1）协调努力，不同的合作伙伴使用相同的设备、交换人员和高度的资源承诺来实现同一目标，这种模式下的联系是相当频繁的，通常包括各级的非正式会议，合作历史悠久，导致高水平的可预测性、信任和共同观点；（2）并行项目，子项目由各个合作伙伴定义，并且在不同的时间点，通常与正式项目会议和研讨会有关，关键人物如守门人、项目负责人讨论未来机会，在一些并行项目中，大部分工作由学术合作伙伴完成；（3）象征性合作，其特点是没有人员的交换和对合作伙伴关系的低时间和资源投入，通常会议场所是正式的，如年度研讨会和董事会会议，合作伙伴可能仍然对合作伙伴的意图抱有相当积极的态度，但很明显，实现符合研究资助机构要求的目标和标准成为最重要的推动因素，通常这种互动模式与合作伙伴公司的财务贡献挂钩。

（二）程度视角

宽度和深度是表征合作特征的两个重要维度，劳森和索尔特（Laursen & Salter，2006）首次提出宽度和深度是刻画企业开放行为的两个概念，而这两个概念也逐步运用在产学研合作行为的表征上，在大学组织层次的研究中，王元地等（Wang et al.，2015）分别从宽度和深度两个方面刻画合作，前者是指不同的合作渠道范围，后者是指不同合作渠道的深度。费舍尔等

（Fischer et al.，2018）分别从密度、宽度和深度三个方面刻画产学研合作，密度是指大学里合作研究团队的比例，宽度是指平均每个研究团队合作的企业数，深度是指合作的目标，基于研究、开发和工程类的合作均是深层关系。伊奥里奥等（Iorio et al.，2017）则将研究层次下移至个体科学家上，分别从宽度和深度两个方面刻画科学家的知识转移活动，前者是不同知识转移活动的数量，后者是不同知识转移活动的频率。而谢园园等（2011）则从企业的视角，分别从横向的宽度和纵向的深度刻画产学研合作行为，横向体现的是开放的程度或合作行为的频繁程度，纵向体现的是合作关系的持续性或合作形式的制度化。

（三）过程视角

胡国平等（2016）从行为过程视角，提出在产学研合作中，存在技术和知识的研发和转移两个阶段，前者主要由高校教师或者科研团队完成，后者主要是高校供给与企业需求进行匹配的过程。刘克寅等（2015）将校企合作分成研发投入和产业化阶段，若研发阶段出现校企合作双方行为不协调时，会导致在后一阶段的重新合作匹配成本较高，风险将会增加，合作发展也将受到抑制。拉贾洛和瓦迪（Rajalo & Vadi，2017）将产学研合作分成启动阶段和实施阶段，前者需要跨越组织的边界，后者需要跨越合作专属的边界。动机和吸收能力的匹配是产学研合作中选择合适的合作伙伴的成功因素。吴悦和顾新（2012）将产学研协同过程划分成三个阶段：准备阶段，选择合适的合作伙伴；运行阶段，频繁互动、取精去糟，内化双方知识再反哺自身；终止阶段，目标实现，利益分配，确定下一次合作的可能性。

（四）关系视角

当考虑社会环境对研究人员的影响时，mode 1 和 mode 2 便不再适用于刻画研究人员的行为模式。因此，库雷克等（Kurek et al.，2007）基于战略关系视角，分别从组织自治和战略依赖两个维度刻画关系特征，其中战略依赖是指为了实现共同目标，合作伙伴之间进行异质性资源、资产和能力的共享，因此，战略依赖是有效合作的必要条件，而不是充分条件，这意味着密切合作与高依赖性相关，反之亦然。组织自治是指研究人员在竞争环境中能决定研究的方向，包含设定目标，其中正在创造科学知识和使用的科学信息，组织自治中的高地位者允许参与者在设定目标和确定如何实现这些目标方面作出自主的战略决策。往往假设在任何的关系中，合作伙伴总是期望组织自治需求的最大化和战略依赖需求的最小化，然而在实践中，合作伙伴往往会放弃组织自治的需求和接受战略依赖的需求，直到一个双方都接受的程度。因此，依据两维度需求，战略定位模式存在四个象限，将其放置在学术创业的情境中，则将科学家的行为模式划分为四个象限，分别为 model 1（象牙塔）、model 2（需求导向）、model 3（创业型研究）、model 0（无交互）（Kurek et al.，2007；Zalewska Kurek et al.，2018）。

（五）经济学视角

在产学研合作中，高校是代理方，企业是委托方，由于委托方和代理方之间存在信息不对称，使代理人存在投机行为，因此，李盛竹和付小红（2014）基于委托—代理理论，将合作行为分为积极合作的努力行为和消极合作的偷懒行为。唐丽艳等（2017）基于演化博弈理论，从企业的视角，将合作创新行为划分为机会主义行为和互惠主义行为。

（六）策略视角

对于高校的学者而言，参与产业合作意味着需要在科学活动和商业活动之间进行平衡，合作策略是指学者在平衡科学活动和商业活动时所作出的行为选择（Callaert et al.，2015）。卡拉特等（Callaert et al.，2007）通过半结构化访谈的方法调研比利时和瑞士的学者，提出了学者在管理科学活动和商业活动组合的三个合作行动策略，分别是对合作项目和合作伙伴的选择性、对合作的主动性和在学术研究和产业合作研究议程的主题相关性。在测度上主要是从程度比例的角度出发，主动性是指学者主动发起的项目（相对于是合作伙伴企业方发起）占整个合作项目的比例，选择性是学者在过去拒绝产业合作伙伴的概率大小，主题相关性是指合作项目的研究主题与学者学术研究主题的相关程度大小（Callaert et al.，2015）。

（七）行为视角

党兴华等（2010）从企业的角度，分别从资源投入强度、合作开放度和合作透明度来衡量合作行为。钟静（2015）分别从沟通交流和信息共享两个维度测度合作行为。孙杰（2016）从资源投入、沟通交流和组织决策三个维度测度产学研合作行为。秦玮和徐飞（2011，2014）则从产学研联盟的角度，分别从资源投入、交流沟通和信息共享三个维度刻画了企业和大学的产学研联盟合作行为。

综上所述，现有的研究对合作行为进行了多视角、多方面的研究，取得了较丰富的研究成果，这对于本书的研究有一定的启示，也存在一定的不足。模式视角提供了大量研究产学研合作的可能性，但研究更多的是在解决组织层次的合作，对于微观行为的研究存在一定限制；程度视角更多的是基于模式的进一步分析，因此也存在一定缺陷；过程视角给研究带来了重要启示，启迪研究需要将产学研的过程打开；经济学视角启迪研究需要考虑从博弈的角度思考产学研合作的问题；策略视角对于回答高校学者如何平衡学术活动和商业活动给予了回答，但研究更多地聚焦在合作项目上，研究范围有一定的限制；行为视角打开了行为的"黑箱"，但目前现有的研究更多的是从组织层次开展研究，对于个体层次的研究比较缺乏。总之，对于知识转移的主体"人"为目标的研究相对较少（刘春艳和王伟，2014）。

因此，在本书中，基于行为过程的视角，关注产学研合作中个体层次——高校科研团队的学者的合作行为，借鉴林明和任浩（2013）的认识，将合作行为划分为两个维度，即伙伴匹配和资源投入，前者是个体与环境交互的行为，选择合适的外部伙伴建立联结；后者是个体自身的行为，在合作过程中付出的努力行为。这样的维度划分更符合社会认知理论对行为的认识，既考虑了个体的特征，也考虑了个体与环境交互的特征，使合作行为的认识更全面。

（1）个体与环境交互维度：伙伴匹配。伙伴关系的研究在组织间合作得到广泛的关注，学者们在不同的研究情境中对伙伴关系的研究存在差异。大量的研究主要聚焦在联盟的伙伴选择上，如基思等（Keith et al.，1990）认为伙伴选择遵从能力互补性和目标兼容性等原则，布劳瑟斯等（Brouthers et al.，1995）提出伙伴选择的"4C"原则，分别为能力互补、合作文化、目标兼容和风险相称，埃姆登等（Emden et al.，2006）认为技术的一致性、战略的一致性和关系的一致性对于选择潜在的合作伙伴创造协同价值有重要的影响。李健和金占明（2007）认为伙伴选择要在战略目标的一致性、资源的匹配性、市场的相似性和文化的相似性四个方面考虑。赵岑和姜彦福（2010）发现资源互补度、文化协同度和联盟前联系度是伙伴选择的最重要的三个指标，而在产学研合作情境下的伙伴选择研究则在近些年得到了关注，一些研究分别从产学研伙伴异质性（戴勇和胡明溥，2016）、产学研合作主体差异性（李梓涵昕和朱桂龙，2019）等方面展开，然而这些研究更多是从差异性的角度来刻画产学研合作伙伴特征，而没有考虑匹配性，匹配强调的是相互作用，从匹配性的角度来研究伙伴关系选择更能解释合作关系的好坏问题。卡特莱特和库珀（Cartwright & Cooper，1993）将组织间的合作形象地比喻成"结婚"，结婚对象的匹配程度会直接影响婚姻关系的好坏。巴纳尔·埃斯塔尼奥尔等（Banal Estañol et al.，2018）基于双边匹配的框架，提出偏好和能力两个维度的产学研合作的匹配，前者指的是对科学研究类型的偏好，后者指的是产生高质量科学产出的能力。在本研究情境中，借鉴马文聪等（2018）对产学研伙伴匹配性的认识，将伙伴匹配定义为高校科研团队学者与产业合作伙伴在合作要素特征方面所具备的适配状态，并基于人—组织匹配理论的认识，从一致性匹配和互补性匹配两个维度来刻画学者与合作伙伴的匹配问题，前者侧重目标、价值观和规范方面，后者侧重资源、知识和能力方面。

（2）个体自身维度：资源投入。资源是指所拥有的物力、财力、人力等各种物质要素的总称。资源基础观理论认为，稀缺的、有价值的、不可模仿的和难以代替的资源是竞争优势的来源（Barney，1991）。米勒和沙姆西（Miller & Shamsie，1996）将资源分成两类，分别是财产型资源和知识型资源。秦玮和徐飞（2011）认为资源既包括物质资源（如人、财、物）又包括其他资源（如声誉、市场、技术等）。资源投入是指在资源上的投入程度，是产学联盟构建的必要条件（秦玮和徐飞，2011），也是技术创新合作成功的必要条件（党兴华等，2010）。孙红侠和李仕明（2005）认为资源投入不仅包含显性投入，还包含隐性的智力资源。党兴华等（2010）认为资源投入主要有两个方面，一是人、财和物的投入，二是时间投入和重视程度。在产学研情境中，高校和企业之间存在博弈，而现有的研究更多的是针对"合作"还是"不合作"的行为研究，较少关注合作过程中合作主体的资源投入行为（嵇留洋等，2018）。投入不足是影响产学研合作绩效的因素之一（薛卫等，2010），尤其在大型项目中，容易出现"竹篮打水一场空"的结果（贺一堂等，2017）。由于合作双方存在信息不对称，作为代理方的高校存在机会主义风险，不愿付出努力或者降低努力程度，给合作伙伴造成损失（黄波等，2011；刘晓君和王萌萌，2013）。然而，过度合作往往会形成对企业资源的依赖，挤出科研人员争取国家级项目和发表论文的时间和精力，对其职业发展产生负面影响（温珂等，2016）。因此，在本书情境下，结合资源的基本定义，将资源投入定义为高校科研团队学者在参与产学研合作活动中人力（时间和精力）、财力、设备和信息方面的投入程度。

第六节 学术绩效相关研究

绩效问题一直是合作研究文献中持久的研究主题（Rivera Huerta et al.，2011；Lin，2017）。在合作创新环境下，很多的研究关注产学研合作对技术创新系统的绩效影响，而最近的研究逐步关注产学研对于大学绩效的影响（Banal Estañol et al.，2015），关注企业的创新知识向大学流向的问题（Lin，2017）。

一、学术绩效的内涵和测度

绩效的典型定义一般有三种：第一种是从行为的角度定义，是为了实现目标而采取的相关行为；第二种是从能力的角度定义，是潜在特征；第三种是从结果的角度定义，在一定范围内创造的产出记录（Offermann & Spiros，2001；侯二秀等，2016）。在本书中，关注的是高校科研人员的学术绩效，是一种从结果的角度来进行的定义，即参与产学研合作给大学科研人员在学术研究上带来的结果。通过整理现有关于学术绩效相关的研究，发现与学术绩效相关的概念非常多，如学者绩效、科研绩效、科学绩效、科研产出、科学产出和研究产出等，这些概念之间存在交叉部分，各个变量的具体情况（包含研究层次、定性/定量、测度和参考文献）如表 2 - 5 所示。整体看来，各个变量的测度大同小异，在期刊上发表论文的数量是每个变量都会使用的测度指标，虽然在同行评审期刊上发表的出版物数量不是唯一的衡量标准，但却是研究产出最佳和最受欢迎的衡量标准，因为他们对获得科学声誉和职业发展至关重要（Dasgupta & David，1994）。同时，在关注数量的基础上，还有大量的变量关注质量问题，因此，有必要将数量和质量结合考虑，然而现有的研究大量的是基于定量的二手数据来测度，由于研究绩效问题应该放在场景中进行考虑，即需要考虑在产学研合作的环境下的学术绩效，二手数据的测度存在一定的限制，因此从定性的角度来测度产学研情境下的学术绩效，通过设置问卷题项，询问产学研合作是否对论文数量和高水平论文数量产生影响以及产学研合作是否会导致论文数量及高水平论文数量的变化。

表 2 - 5　　　　　　　　　　学术绩效及其相关变量的基本情况

变量名称	研究层次	定性/定量	测度	参考文献
学术绩效	个体	定量	论文发表数量、研究的基础性和影响力	卡尔代里尼等（Calderini et al.，2007）
	个体	定量	论文发表总数、期刊总影响因子、总被引数、第一作者论文数、第一作者期刊影响因子、第一作者被引次数和近5年的发表论文数	王帆（2018）
	团队	定性	科研团队与同行相比，发表很多文章，发表的文章质量很高，申请很多发明专利，申请的专利质量很高，铸造了一个良好科研平台和一支具有创新活力的研究团队	张艺等（2017，2018a，2018b）
	组织	定量	论文总引用量和每年的篇引用量	刘笑和陈强（2017）
	组织	定量	论文数和专利数	黄沐轩和陈达仁（Huang & Chen，2017）
学者绩效	个体	定性定量	承担项目、发表专著与论文、获奖成果、专利、软件、科技转化、科研方面的社会贡献、培养与指导人才、校系科研管理	钟灿涛和李君（2009）
	个体	定量	学术绩效和技术绩效，前者侧重学术研究的影响力，主要通过引文总数来测度，后者通过专利数来衡量	陈彩虹和朱桂龙（2014）
	组织	定量	论文的引用数	林俊友（Lin，2017）
科研绩效	个体	定性	经常参加学术会议、积极申请和参与科研立项、努力撰写高水平的学术论文、始终保持严谨的科研态度、帮助他人解决科研的困难、拥有一定数量的高水平学术论文、申请到的科研项目数量和级别超过岗位平均数、获得很多科研奖励	王仙雅（2014）

续表

变量名称	研究层次	定性/定量	测度	参考文献
科研绩效	个体	定量	论文的发表数量	伦托奇尼等（Rentocchini et al.，2014）
	个体	定量	学者的 h 指数	张奔和王晓红（2017）
	组织	定量	发文总数	王晓红和张奔（2018）
科学绩效	个体	定量	论文的引文数（发表的质量）	巴尔科尼和拉博兰蒂（Balconi & Laboranti，2006）
	个体	定量	发表的论文数	七条直弘等（Shichijo et al.，2015）
科研产出	个体	定量	论文数量和影响因子	袁康等（2016）
	个体	定量	论文数量和净被引次数以及平均净被引次数	宋志红等（2016）
	个体	定性定量	SCI/EI 论文和其他类型论文数量以及专利、是否有专利和科研成果转化为产品	赵延东和洪伟（2015）
科学产出	个体	定量	包含论文和专利指标，前者通过发表数量和引用数来测度，后者用前引数来测度	霍滕罗特和托沃沃思（Hottenrott & Thorwarth，2011）
	个体	—	包含生产力和研究议程	珀曼等（Perkmann et al.，2013）
	个体	定性	从产业合作项目中产生的论文发表数（自评）	卡拉特等（Callaert et al.，2015）
	个体	定性	在国外和国内期刊上发表的论文数（自评）	伊纳尔维兹和施拉姆特（Ynalvez & Shrumt，2011）
	团队	定量	在国家和国际索引期刊上发表的论文数量与小组成员总数之间的比率	巴列塔等（Barletta et al.，2017）

续表

变量名称	研究层次	定性/定量	测度	参考文献
研究产出	个体	定量	发表的论文数、论文的引用数的加权和一篇文章的合著作者数加权	冈萨雷斯·布兰比拉等（Gonzalez Brambila et al., 2013）
	个体	定量	每年发表论文的数量、共同作者加权的发表论文的数量、学者研究的发表论文的类型（基础性还是应用性）	巴纳尔·埃斯塔尼奥尔等（Banal Estañol et al., 2015）
	个体	定量	发表的数量和引用数量	布恩斯托夫（Buenstorf, 2009）
	个体	定量	5年的期刊平均影响因子及2年窗口期的引用数量	何子琳等（He et al., 2009）
	个体	定量	每年的发表数量	德法齐奥等（Defazio et al., 2009）
	个体	定性	新建议和新技术	里维拉·韦尔塔等（Rivera Huerta et al., 2011）
	组织	定量	每年发表论文的数量和引文数量	穆西奥等（Muscio et al., 2017）

注：—表示此研究是综述类文章，因此未提及是定量还是定性指标。

二、产学研合作与学术绩效的关系研究

产学研合作对学术创新的影响存在两种主流观点（Lin，2017；王晓红和张奔，2018）。对于大学而言，和产业的合作能够为学者的发展带来好处，例如，获得研究的资助、引进新的研究议题、推进自己的研究、检验理论的实践性和获取互补性的技能和知识等（Gulbrandsen & Smeby，2005；Bozeman & Gaughan，2007；Boardman & Ponomariov，2009）。然而另外一些学者则认为，和产业的合作会带来负面的影响，比如，延迟或不进行科学的发表，合作往往是以牺牲基础研究为代价，导致出现"保密"和"倾

斜"的问题（Blumenthal et al.，1996；Czarnitzki et al.，2015）。

林俊友（Lin，2017）提出产学研合作提升创新绩效的方式主要有以下三种：第一，产业合作能够扩展学者的研究议程进而扩大研究想法池，产业能为大学提供额外的知识源，为进一步创新发展奠定基础；第二，产业合作可以扩大财务资源的可用性，企业资助成为学术研究的重要资金来源之一，不同的产业联系促进大学在信息、技术、人力和财力资源上进行更广泛的投入；第三，产业合作可以检验理论的发展，进而促进对自己研究的深入，在产业界进行的研究能够补充学术研究的发展。

巴纳尔·埃斯塔尼奥尔等（Banal Estañol et al.，2015）提出产学研合作影响研究产出的四条主要路径，如图 2 - 10 所示。首先，产业合作能够扩大学者的研究议程和拓展研究想法库，通过解谜来产生或改进思想反过来改善研究成果，最终的想法可以转化为更多或更好的学术论文；其次，产业合作能扩大财务资源的获得性，资源能推进学者的学术研究；再次，合作项目需要时间来协调、组织和交互，学术研究可能会因为增加分配给

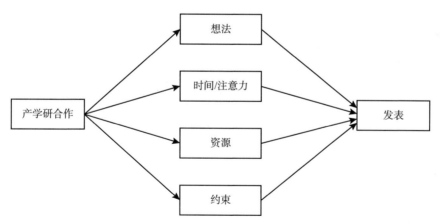

图 2 - 10　产学研合作影响研究产出的主要路径

资料来源：Albert Banal - Estañol，Jofre - Bonet M.，Lawson C. The double-edged sword of industry collaboration：Evidence from engineering academics in the UK［J］. Research Policy，2015，44（6）：1160 - 1175.

咨询或商业化的时间而受到损害，而且可能会产生注意力分散的问题，因此可能会影响学术论文的产生；最后，合作可能会影响研究主题和研究方法的选择，行业研究和开发更倾向于商业成功，而大学的研究通常侧重于解决基础的科学问题，因此，吸引行业合作伙伴的研究可能不一定接近研究前沿，而且，企业的商业利益可能会限制合作学者的发表活动，特别是那些广泛合作的学者，延迟发表或不发表的条款限制可能会抑制学术论文的发表。

第三章

基于行为视角的多案例研究

第一节　案例选择和数据收集

本书案例的选择标准主要有以下三个：第一，科研团队的成立时间一般是在 5 年以上，成立时间较短不利于更细致的观察；第二，科研团队有一定的产学研合作活动，进而符合本书的情境；第三，科研团队所在的高校，与产业的联系比较紧密，具有典型的代表性和研究的价值。基于此标准，本书选择了华南地区以工科见长的 S 大学工科领域的三个科研团队作为案例研究的对象（见表 3-1），对科研团队的成员主要是学者进行了半结构化的访谈，积累了大量一手的翔实资料，为案例研究提供了资料的保证。

A 团队成立于 1998 年，所在的学科领域是机械工程，团队的教师人数高达 30 人以上，学生人数维持在 130 人左右。团队发展依托于国家工程研究中心，承担了大量国家和行业下达的科研开发及工程化研究，研究成果在该领域处于技术领先地位。团队坚持在科学的道路上攀登，加快科学研究成果产业化，产生了较大的经济效益和社会效益。

B 团队成立于 1996 年，所在的学科领域是化学工程，团队的教师人数高达 10 人以上，学生人数维持在 50 人左右。团队成立之初就和广东省很多企业建立了长期的合作伙伴关系，一些研发的产品进入产业化阶段，产生了较大的经济效益和社会效益。团队坚持走产学研相结合的道路，产学研事迹曾被载入教育部编辑的《中国高校：大型企业产学研典型案例》一书。

C 团队成立于 2008 年，所在的学科领域是机械工程，团队主要是教师带领学生的课题组形式，教师 1 人带领 10 余个学生，也会和其他的教师成立创新科研团队参与合作项目，但更多的是松散型团队。团队重视教学与科研、实践相结合，注重与多家企业建立长期的合作关系，在成果产业化方面成效显著。

表 3 - 1　　　　　　　　　　　案例科研团队简介

基本情况	A 团队	B 团队	C 团队
成立时间	1998 年	1996 年	2008 年
团队大小	教师 30 余人 学生 130 余人	教师 10 余人 学生 50 余人	教师 1 人 学生 10 余人
团队规模	大型团队	中型团队	小型团队
团队学科领域	机械工程	化学工程	机械工程
成员学科结构	跨学科团队	单一学科团队	单一学科团队

本书主要通过深度访谈和二手资料两种数据收集的方法采集样本团队的数据（见表 3 - 2）。一手数据主要来源于对科研团队的带头人和团队成员（包含核心成员和一般成员）的半结构化访谈，访谈的内容包含科研团队参与产学研合作的经历与经验、合作伙伴的特征、与企业合作的动机和资源投入、合作伙伴选择等行为问题，以及产学研合作对学术绩效的影响等问题。为了保证数据的客观性，在访谈人员的选择上抽样选取了科研团队的带头人、核心成员和一般成员等，进行一对一的面对面调研或电话访谈，同时访谈遵循三角验证的原则，对于同一团队的成员，同一问题要征

询 3 人以上的意见，以确保数据的准确性和有效性。在每次访谈后立即对录音材料进行文字整理，形成案例所需要的质性资料。

　　除此之外，二手资料的收集也成为本书的重要数据。二手数据主要是学校网站介绍，如团队和教师以及相关组织机构的介绍，同时还收集了第三方发布的相关新闻报道，以及合作企业的公开资料、其他已有的相关科研团队和企业合作的研究，以及科研团队与合作企业申请的论文和专利等，由此通过多途径、多渠道收集数据，以确保研究的充分性和准确性。

表 3 - 2　　　　　　　　　　案例的数据收集方式

团队		资料来源				资料获取方式
		录音时间	录音字数	访谈人数	成员	
一手资料	A 团队	400 分钟	18732 字	10 人	带头人 核心成员 一般成员	独立进行半结构化访谈，录音，记录
	B 团队	210 分钟	11356 字	5 人	核心成员 一般成员	
	C 团队	60 分钟	2113 字	1 人	带头人	
二手资料	A、B、C 团队	学校教师和团队资料介绍、实验室或者工程中心等网站介绍和内部宣传资料、相关新闻报道、合作企业的公开资料、其他研究者对相关团队和合作企业的研究成果、合作发表论文和专利等				对资料进行分析，对团队和企业合作的公开信息进行检索

　　注：由于 B 团队发展有变化，带头人改为轮换制，目前是多个核心成员领导团队的发展。

第二节　科研团队产学研合作实践

一、A 科研团队

从 A 科研团队的发展历程来看，历经 20 余年的发展，其经过了组建期、成长期和成熟期，尚未进入变异期。作为国内优秀科研团队的代表之一，A 团队坚持自主创新，在开展基础研究的同时，又广泛与产业展开合作，进行应用研究，其四项主要研究成果已实现产业化，对相关领域产业的企业转型升级有显著的促进作用。

（一）组建期：1998 年

1998 年，J 国家工程研究中心（以下简称"工程中心"）创建，这一举措意味着 A 团队应运而生。依托于实体机构建立的 A 团队的成员组建模式具有典型的项目制特征，团队带头人 Q 教授与其初始成员的关系更多的是同事之间的关系，因此，一开始便形成了具有一定规模的科研团队。工程中心是按高新技术模式，以现代企业机制具有法人资格的经济实体，建立了自己的生产企业 H 实体有限公司，围绕着 A 团队的学科带头人 Q 教授发明的专利 A1 进行产业化，而这项专利荣获 1997 年专利金奖，并获得当年度国家技术发明奖。1998 年，Q 教授开始担任学校领导职务，同年，入选教育部长江学者首批特聘教授。因此，A 团队是具有一定起点高度的团队。在组建期，该团队已与企业 DT 展开合作交流，主要是以共同研发投标项目的方式进行合作。

（二）成长期：1999～2006 年

工程中心的定位是科技创新和科研成果产业化，A 团队成立的初衷与工程中心的定位保持一致。依托于工程中心的产业化进程，A 团队进入快速成长期。2000 年，创立 J 教育部重点实验室。在成长期，大量的科研成果在 H 实体有限公司完成产业化，但考虑技术创新成果应该让行业相关企业得到实惠，因此，A 团队走上了产学研合作道路，先后与 GB 有限公司、GH 有限公司、HT 集团、DT 集团（DH 有限公司、HD 有限公司、DKM 有限公司）、HY 有限公司，以及奥地利 BJL 公司等进行多层次的科研合作和产业化开发。

　　2001 年，工程中心荣获第一批广东省高校"千百＋工程"先进团队荣誉称号。2002 年，A 团队与 GB 有限公司共同承担国家"863"重大项目，并成功将专利 A2 进行产业化，企业利用该项目成果创造经济效益高达6000 万元。2002 年，工程中心与 BJL 公司联合成立了"BJL－S 大学工控实验室"平台，BJL 公司提供 200 万元的可编程计算机控制器（PCC）等工业控制器材与器件，就塑料加工成型装备自动控制技术开展广泛的技术合作，以提升学校在工业装备自动化，尤其是塑料加工机械自动化方面的科研开发能力。2003 年，A 团队与 GH 有限公司合作研制的设备 A1 获得2003 年度 S 市科学技术进步奖，该成果填补了国内外相关领域的研究空白，居国际领先水平。2004 年 2 月，HT 集团与 S 大学及其他国内高校联合创立了宁波首家企业工程研究院和企业博士后工作站，以及 J 国家工程中心宁波分中心，研究院每年投入 1800 万元经费，用于加快科研成果向现实生产力转化。同年，JM 有限公司联合工程中心参加 2004 年广东省重大装备和重点领域技术创新项目 A1 投标。在政府的大力支持下，A 团队开始与 DT 集团实行强强联合，与 DT 有限公司的子公司（DH 有限公司）联合承担粤港关键领域重点突破项目 A2，合作开发设备 A2，这项研究凝结了 A 团队 4 项世界首创技术和十余项专利技术，经鉴定设备 A2 为"技术创新性显著，达到国际先进水平"。2005 年，工程中心与 HD 有限公司联合投标，共同承担粤港关键领域重点突破项目 A3，依托于 A 团队发明的专利技术 A3，研制开发出高效、高性能设备 A3。在双方的共同努力下，设备 A3 迅速推向市场，在 2006 年国际塑料橡胶工业展销会上，吸引了大量国内外购买商。同年，工程中心、H 有限公司与 DKM 有限公司（2009年更名为 DKM 科技有限公司）三方联合完成 2005 年广东省关键领域重点突破项目 A4，成功研制出具有自主知识产权的新一代高性能设备 A4。

　　2006 年，工程中心再次与 DH 有限公司合作，联合开展广东省教育部产学研结合项目 A5 研究，项目研究成果设备 A5 融合了 A 团队的两项发明专利 A4 和 A5，并融合了 DT 有限公司拥有的国内最成熟技术，是双方先进核心技术完美结合的又一力作。同年 12 月，工程中心与 DT 结成战略联盟，DT 成为 S 大学博士后流动站及本科生、研究生的实习基地，除每年工程中心资助费外，还向 S 大学捐赠了 50 万元作为奖助学金，开展全面深入合作。另外，A 团队与 HYBZ 有限公司联合承担的项目 A6 被列入当年广东省教育部产学研结合项目，项目产品性能达到或超过国际同类产品指标，技术水平属于国内领先、国际先进。2006 年，A 团队凭借专利技术 A6 荣获"国家科技进步奖"。在这一阶段，A 团队积极引进博士（后），逐步形成了来自材料学、机械工程、自动化、计算机等交叉型学科的结构，以 Q 教授为首，一批中青年教师为骨干的科研团队。在产学研合作方面，国内合作企业负责产业化和市场，A 团队负责技术支撑，A 团队在研究领域取得重大突破，而企业提升了创新能力，双方实现共赢。国际产业合作主要是以共建实验室的模式，为提升团队自主创新能力夯实了基础。

（三）成熟期：2007 年至今

2007 年底，带头人 Q 教授主动卸任学校行政职务，重返实验室开始新研究方向的探索。2008 年，A 团队入选教育部"长江学者和创新团队计划"创新团队，标志着 A 团队进入成熟期阶段。在这一阶段，A 团队坚持走产学研合作道路，在延续上一阶段的产业合作之外，依据新的研究成果匹配新的合作伙伴。2007 年，分别依托 HD 有限公司和 HYBZ 有限公司获批第一批广东省教育部产学研结合示范研发基地和产业化基地。2008 年，团队研制出国内外第一台设备原理样机 A6，专利技术 A7 再次处于国际领先水平，该项技术获得 100 多家塑料机械骨干企业使用，如 HDGY 公司和 XDJG 有限公司。研究成果颠覆了 100 多年来的传统加工原理，催生了塑料加工机械行业转型升级的深刻"蝶变"。

在这期间，团队积极联合高分子材料加工成型转型制造及应用龙头企业，如 JFKJ 股份有限公司、PT 有限公司、YMT 有限公司、JMJJ 股份有限

公司、YDZS 股份有限公司、BCJX 股份有限公司、XLKJ 有限公司、ZXBZ
有限公司等开展协同创新研究。2008 年，由 JFKJ 股份有限公司牵头，联
合组建"塑料改性与加工国家工程实验室"。2009 年，工程中心与中国香
港 DT 有限公司、JSJX 有限公司三方投资成立 PT 有限公司，依托于工程中
心提供的技术研制出设备 A7，由 PT 有限公司负责产业化。

　　2011 年，Q 教授遴选为中国工程院院士。Q 院士相继与华北、华东、
华中和华南等多家企业建立院士工作站。作为一种产学研合作的载体，Q
院士工作站已与合作企业展开了大量的合作，科研团队的研发资源与企业
的产业资源形成"联姻"，加快科研成果的转化，加强科技创新。2011 年，
YMT 有限公司与 A 团队以技术入股的方式进行合作，通过引进 A 团队的
专利技术 A8 的科研成果进行转化，使第一代拉伸流变生产线走出车间，
YMT 有限公司成为全球业内第一个吃螃蟹的企业。2012 年，A 团队与 KPT
有限公司签订共同研发新产品的长期合作协议。同年，作为牵头方，工程
中心与 DH 有限公司、BCJX 股份有限公司、JMJJ 股份有限公司、JFKJ 股
份有限公司等 19 家企业及其他 8 家单位共同成立了广东高端制造装备协同
创新中心。2014 年，A 团队与 YDZS 股份有限公司开展了深度合作，将两
项专利技术 A9 和 A10 进行产业化，围绕动态注塑成型技术及在多个应用
领域展开诸多实验，最终实现技术产品落地，YDZS 成为专利技术 A12 的
唯一授权生产单位，还建立了 S 大学创新教学实践基地。2015 年，BCJX
有限公司与 A 团队所在高校及其他单位等共同组建了"博创基于云计算的
注塑成型智能装备与服务平台"，为行业用户提供工业整体解决方案，提
升塑机行业及其关联行业乃至装备制造业的信息化、智能化与网络化水
平。2015 年 12 月，HTSL 有限公司引进了 S 大学 Q 教授发明的目前世界上
先进的塑料挤出设备 A8 生产线。2016 年，由 A 团队 F 教授牵头，联合
WXGX 有限公司、WHHX 集团股份有限公司、NCGC 科技股份有限公司、
XLKJ 有限公司、ZXBZ 有限公司等 10 家高校与企业单位共同申报 2016 年
度国家重点研发计划项目 A7，对具有极端流变行为的超高分子量聚乙烯和

黏度变化极大的聚氨酯镜片进行相关基础理论、关键技术和产业化方面的研究，项目总经费 8500 万元，其中国家专项经费 3500 万元，项目预期经济效益可达 1.5 亿元，开发的产品将打破国际垄断，项目研究成果将提升我国在塑料短流程与精细加工领域的基础研究学术水平和企业的国际竞争力。

2017 年，XLKJ 有限公司在院士高峰论坛上与 A 团队签订合作协议，引入了 A 团队独占许可的专利技术 A13，全面开展该项目产品的产业化工作。2018 年 11 月，在粤港澳大湾区院士峰会上，A 团队与 ZXBZ 有限公司签订合作协议，联合 XLKJ 有限公司，利用专利技术 A13 和专利技术 A14 等成果，开展高强度的膜吹塑成型技术攻关，由 ZXBZ 有限公司生产制造。

在成熟期，围绕新技术和新设备的推广和应用，A 团队与大量不同领域的企业通过技术入股、技术许可、院士工作站和合作研发等方式开展产学研合作，合作模式呈现多样化，合作程度深入。

二、B 科研团队

从 B 科研团队的发展历程来看，历经 20 多年来的发展，其经过了组建期、成长期和成熟期，并且进入了变异期。

（一）组建期：1996 年

B 团队的前身是研究室，成立于 20 世纪 70 年代。1996 年，在政府的响应下，成立 B 团队。B 团队成员的组建模式具有典型的师徒制特征，团队带头人 C 教授带领其学生组成了最开始的小规模的科研团队。作为 S 大学化工学院的第一任院长，其早期在国外进修学习且积极参加国际学术活动，研究的技术经国家鉴定具有国际先进水平，并荣获国家发明奖，早期研究处于该研究领域的国际前沿地位，并发表了一系列理论和应用价值较高的科学论文。在团队组建之前，C 教授与 GZDG 厂有过合作，具备了一定的产业合作经验基础。

（二）成长期：1997～2005 年

随着 C 教授的学生越来越多，团队的人员规模逐步壮大，进入成长期。在这期间，逐渐开始了团队的产学研合作征程。2001 年，在"星期日工程师"政策环境下，C 教授带领刚毕业的 Q 老师（C 教授的博士生）拿着"介绍信"去 HRTL 企业商讨合作，而对方以技术方向不合适拒绝了合作。此次合作未谈成，却巧合地遇上了 JBL 公司，该公司刚刚送走 Z 大学的老师，合作也并未达成，便立即接待这两位"送上门"的老师。JBL 公司面临着技术问题的突破，而 C 教授又有这方面的研究成果，双方一拍即合，倾盖如故，从此打开了 B 团队与 JBL 公司长达十几年的合作大门。2002 年，在 B 团队所在的学校成立"S 大学 JBL 公司技术研发中心"，JBL 公司承诺每年向该中心投入 500 万元以上的科研经费，共同致力于产品研发。2004 年，双方合作中标粤港关键领域重点突破项目，获得政府 1200 万元专项资金支持。2005 年，先后成立一系列合作机构，如博士后流动站科研基地、S 大学研究生校外培训基地、S 大学研究生校外实习基地，以及 JBL 公司省级工程技术（研究开发）中心，产学研合作取得可喜的项目成果，成功开发出多项填补我国 TL 领域空白的新产品，先后获得多项项目和技术专利，而 JBL 公司在这一年成为该行业首批获得"中国名牌产品"称号的企业之一。B 团队每年均有数十名学生前往 JBL 公司实习，培养的学生很多进入了 JBL 公司工作，一些学生还担任 JBL 公司技术研发中心的骨干研发人员。在这一阶段，B 团队和 JBL 公司逐步形成了稳定且长期的合作伙伴关系。

除此之外，B 团队还与其他企业建立了广泛的合作关系，如 2001 年，与 XGH 工厂（现 XGH 有限公司）建立技术合作关系，2005 年与 DFHG 有限公司联合研发产品，还与 HRTL 有限公司、ZJHG 集团有限公司（GZZQ 厂、HYZQ 厂合并成 ZJHG 集团）、XSHC 厂、YFHX 公司等多家企业合作研发产品，常年有学生驻扎在工厂进行新产品研发，B 团队从此便成为走产学研道路的主力军之一。

（三）成熟期：2006~2012 年

随着团队核心成员的稳定，B 团队的发展进入成熟期。B 团队与 JBL 企业的合作关系在此阶段得到进一步的加强，2006 年、2008 年和 2009 年 B 团队相继与 JBL 企业签订技术开发合作，为 JBL 企业提供技术支持，2007 年底该企业成为首批获得批准的"省部产学研合作示范基地"，双方的合作还被评为"中国高校—大型企业产学研经典案例"，而 B 团队被评为"精英团队"。2010 年，双方联合获得 2010 年广东省教育部产学研合作计划项目，而后的两年内再次签订了一系列技术开发合作，围绕 JBL 企业的产品展开全面合作研发。2011 年，S 大学 JBL 研究生校外培养基地落成，更多的学生进入 JBL 企业实践、学习或者直接参与研发进程。同年，合作研发的年产 10000 吨的产品生产线正式投产。2012 年，B 团队与 JBL 企业及其他企业和高校获得 2012 年广东省教育部产学研结合重大专项。这一阶段，B 团队和 JBL 企业的合作，使科研成果有了更加直观的经济效益，也帮助 JBL 企业一度成为中国 TL 领域的本土领先品牌，而 B 团队功不可没。在此阶段，B 团队帮助 JBL 企业研制的产品被鉴定为国际先进。2007 年，B 团队的部分成员成立 HLHG 科技有限公司（2017 年停止经营），该公司以 B 团队的技术为支撑，是 S 大学人才培养的实践基地，也是 B 团队科研成果转化为现实生产力的孵化基地。2010 年，B 团队还与 FXHB 科技有限公司开展合作，主要是以专利转让的合作形式开展合作。

（四）变异期：2013 年至今

在 2013 年，B 团队的成员模式发生重大转变，由曾经的师徒制转变为项目负责制，由长辈领导制转变为同辈负责制，这标志着 B 团队进入了瓶颈期，团队未来是走向衰退期还是蜕变期，可能需要更长的时间窗口来进一步观察。在 2012 年 12 月，B 团队再度与 JBL 企业携手实施产学研合作，签订了一系列的技术开发（合作）合同，这次项目的合作时间大多数是在 5 年以上，但仍然是围绕不同类型的产品技术进行合作研发。2015 年，由 JBL 企业承担，B 团队参与的某项产品产业化技术获得省政府 500 万元的支持。这一阶段，B 团队和 JBL 企业的合作，其角色慢慢发生了微妙的变化，从开始的主导者变成了现在的配合者。

在此期间，B 团队还与其他企业通过专利转让和合作研发的形式建立合作关系。2013 年，与 YSHG（上海）有限公司联合申请发明专利；2014 年，与 LW 有限公司联合申请发明专利；2017 年，为 JBL 企业申请发明专利一项，专利权人属于企业；2017 年，与 HDSZ 有限公司联合申请发明专利；同年，与 GLJN 股份有限公司联合申请发明专利。

纵观 B 科研团队的发展历程及其与企业开展产学研合作的情况，发现与 JBL 企业的合作是其主要的重心，无论是前期的合作还是后期的合作，作为"脑力工厂"的 B 团队为"体力工厂"的 JBL 企业不仅持续提供产品以外的解决方案，还在产品技术上不断创新，但所有合作最终都围绕产品技术展开。这些合作促进了 JBL 企业的成长，B 团队成为该企业实现技术创新，生产由小规模制造向工业化、产业化转型的强大"动力泵"。然而，在如此紧密的产学研合作联系中，B 团队的发展经历了成长期、成熟期，慢慢地走入了变异期。曾经的"科研大户"变成如今的"脑力工厂"，尽管该团队一直奉行"从实践中升华出理论，再用理论指导实际"的新人培养和选拔标准，但随着过度地参与产学研合作，这一理念并未得到有效的落实。

三、C 科研团队

从 C 科研团队的发展历程来看，历经 10 余年的发展，其经过了组建期和成长期，尚未进入成熟期。

(一) 组建期：2008 年

C 团队的带头人 X 教授，在 2008 年开始带学生后，C 团队进入了组建期，因此，C 团队的组建模式是具有典型的师徒制特征的小规模团队。在 20 世纪 80 年代和 90 年代，X 教授曾在企业工作过。在组建期，C 团队尚未开始与产业有合作。

(二) 成长期：2009 年至今

随着 X 教授招收的学生越来越多后，C 团队开始进入成长期，团队规模慢慢扩大，但总体来看是个规模较小的团队。在成长期，C 团队与 YST 股份有限公司、HDGC 总公司、ZPRN 科技有限公司、LBDQ 有限公司、SJDQ 股份有限公司、FMTSM 有限公司、JDDZ 有限公司等企业开展广泛的合作。2009 年和 2011 年，X 教授作为广东企业科技特派员，两次进驻 YST 股份有限公司，与该企业展开了深入的合作。在 2010 年，X 教授带领其学生为该企业申请了 4 项发明专利，专利权属于企业。2010 年，X 教授带领团队成员与 HDGC 总公司联合申请 2 项专利。而在 2016 年，为该公司申请 2 项发明专利，专利权属于企业。2015 年，C 团队与 ZPRN 有限公司合作，为其申请 3 项专利（2 项发明专利和 1 项实用新型专利），专利权属于企业。同年，与 LBDQ 有限公司合作申请 2 项专利（1 项发明专利和 1 项实用新型专利）。

2016 年，X 教授作为带头人，与学院其他老师组建技术开发与产业化创新团队，作为 2016 年 D 市第三批创新科研团队，以合作项目的形式与 JDDZ 有限公司开展合作。2017 年，创新科研团队为该企业申请 2 项实用新型专利。2018 年，再次为该企业申请 1 项发明专利和 2 项实用新型专利，专利权属于该企业，同时 C 团队与该企业联合运营 JDDZ 特种锂离子电池工程研究院，开展深入融合的产学研合作。2017 年，C 团队与 SJDQ 有限公司合作，为企业申请 2 项发明专利和 1 项实用新型专利，专利权属于企业。同年，C 团队为 FMTSM 有限公司申请 2 项发明专利和 1 项实用新型专利，专利权同样属于企业。

在成长期，C团队慢慢地从师徒制的小规模团队向项目制的规模团队发展，前者是紧密型的师父带徒弟模式，后者是松散型的项目合作模式。从C团队与企业合作的情况来看，C团队在成长期开展了大量的合作，C团队的X教授带领学生与企业开展合作，合作均以项目的形式展开，合作模式一般是以学生作为合作载体，合作成果以专利转让的形式呈现，这种合作方式既培养了应用型人才，也促进了企业创新能力的提升。

第三节　产学研合作动机

通过对案例数据的整理和编码，我们发现高校科研团队的学者参与产学研合作的动机主要有三种：使命动机、学习动机和资助动机（见表3-3）。使命动机的主要表现有：解决企业问题、科研成果转化、当地经济发展的需要、造福社会和人类等。学习动机的主要表现有：与企业进行交流、促进学术研究的认识，以及学生可以去企业实践的机会等。资助动机的主要表现有：获得经费支持和个人增收两个方面。A团队和B团队的大部分成员均是以使命动机为主导，但A团队和B团队是存在差异的，A团队整体上的合作动机呈现的是科研成果产业化，而B团队整体上的合作动机更多的是解决企业的问题，"市场需要什么，我们就研究什么"是B团队的合作宗旨，而A团队的合作宗旨是"造福社会，造福人类"，明显在同样使命动机下，A团队的层次更高一些，这与A团队所在的国内双一流大学的目标是保持一致的。C团队是以学习为合作动机的，主要是通过与企业的合作，培养学生的动手能力和解决问题的能力，同样A团队也有成员是抱有学习产业实践知识的目的的，而这些学者更多的是相对年轻的学者。A团队有成员是以资助动机为主导，同样B团队的成员也有以资助动机为主导的。总之，高校科研团队的学者参与产学研合作的动机存在异质性。

表 3 - 3 案例学者的产学研合作动机

团队	学者	典型证据	关键词	编码结果
A 科研团队	A1	为了结合自己的研究专长解决企业的问题，当然也为了增加将自己的研究成果进行应用的机会	解决企业的问题，研究成果进行应用	使命动机
	A2	从 1997 年在校办企业工作，个人认为工科大学应该为行业服务，和企业的合作是为了使研究成果得到应用	研究成果得到应用	使命动机
	A3	毕业留校后在校办企业工作，刚开始把这个只是当作任务，将科研转化这个任务承担起来，但后来希望科研成果能在企业开花结果，这对于自己而言非常有成就感	科研转化成就感	使命动机
	A4	与企业的合作，能够获得经费的支持，也是个人增收的一种来源	获得经费支持，个人增收	资助动机
	A5	通过与企业合作，可以和企业交流技术的发展和需求，将自己的理论研究与现实实践找到对话的平台，不断促进学术研究的认识	与企业进行交流，促进学术研究的认识	学习动机
	A6	高校可以帮助企业解决问题，企业的项目以解决问题为原则	解决企业的问题	使命动机
	A7	知识分子要大胆与企业联手合作，躲在实验室，成果是很难产业化的，要勇于从学校走进企业，去推广运用新技术，将科研成果产业化，变成经济效益、社会效益，造福社会、造福人类	推广运用新技术科研成果产业化，造福社会和人类	使命动机
	A8	做科研离不开对行业发展的时刻关注，将自己的研究成果做出来对行业发展也会有帮助	研究成果进行应用	使命动机
	A9	本身自己学的专业方向需要与企业大量打交道，可以去解决企业的实践问题，而且工科大学有为当地经济发展作贡献的需要	解决企业的实践问题，为当地经济发展作贡献	使命动机
	A10	结合自己的研究专长，解决企业的问题	解决企业的问题	使命动机

续表

团队	学者	典型证据	关键词	编码结果
B 科研团队	B1	科研成果，要么自己转化，要么交给别人转化。所以参与企业合作是为了获得将自己的研究成果进行转化的机会	科研成果转化的机会	使命动机
	B2	第一次参加合作，是我的导师带着我去做的，那时候做产学研合作是为了解决企业的问题，后来花了 10 年的时间去推进这个项目	解决企业的问题	使命动机
	B3	经费的需要、学校的考核，毕竟国家的经费不是那么好拿的，所以很多人去申请企业的经费	获得经费支持	资助动机
	B4	参与产学研合作，更多的是将自己的研究成果进行应用	研究成果进行应用	使命动机
	B5	大学有为国家经济发展作贡献的目标，所以与企业的合作，是想要结合自己的研究专长解决企业的问题	解决企业的问题	使命动机
C 科研团队	C1	做产学研合作，主要是研究生可以去企业学技术，真正地将理论与实践结合起来，学生的能力在企业里能够有提高	学生可以去企业实践	学习动机

第四节　产学研合作行为

　　通过对案例数据的整理和编码，我们发现高校科研团队的学者参与企业合作的行为主要体现在个体自身维度的资源投入和个体与环境交互维度的伙伴匹配（见表 3－4）。在资源投入维度的具体表现有：资金的投入、人力的投入，以及交流中的知识和信息的投入；在伙伴匹配维度的具体表现有：互补性伙伴匹配和一致性伙伴匹配，前者更多体现的是资源、知识和能力的互补性，而后者更多的是目标、价值观和规范上的一致性。

表 3 - 4 案例学者的合作行为

团队	学者	典型证据	关键词	编码结果
A 团队	A1	与 JMJJ 合作，该企业在全国高校寻找合作伙伴，但一直没找到合适的，后来找到我们，我们有研究成果，上了我们的设备后效果特别好，企业尝到了甜头。我们的硕士都需要去企业，博士也会去企业，如有几个博士就去了 JFKJ，一起合作研发	合适的合作伙伴 研究成果让企业尝到甜头 学生去企业	互补性伙伴匹配、资源投入
	A2	作为项目总监，大约 2/3 的时间都在企业里，负责整个项目的转化，从草图到技术的支撑再到加入产品商业元素，虽然最后与样机有些差异，但实现了技术与产品的平衡。 需要双方的人员有较深入的交流，而且在文化上的差异需要进一步突破，如高校强调的是创新性问题，而企业强调的是成本和可靠性问题，如何实现二者的平衡则需要双方的交流。 对于我而言，没有教授的面子问题，我能理解企业的需求，所以能体谅企业的难处	2/3 的时间在企业深入地交流 文化差异的突破 理解企业的需求 体谅企业的难处	资源投入、一致性伙伴匹配
	A3	我们帮企业解决实际的问题，企业有实质效益的提升，我们也希望自己做的东西，对于企业的技术能力有实质的提升。 作为 H 企业的常务副总，学校和企业两边都不耽误，这两年周一到周五白天在企业，晚上就回学校，一个星期 2~3 次的会议，听他们讲做的东西。在我们团队的硕士，暑期基本上都是在企业的，对于那些要读博士的学生而言，就需要注重实验基础	企业技术能力提升，周一到周五在企业	互补性伙伴匹配、资源投入
	A4	研一和研二的学生都需要去企业实习。 近几年都是企业牛得很，高校老师倒是成了销售员的角色。 高校研究的东西还是比较超前的，但这些在企业并不能对接得了，所以很多产业化不了，企业也无法理解	学生去企业实习 销售员的角色 企业不能对接 企业无法理解	资源投入、互补性伙伴不匹配

续表

团队	学者	典型证据	关键词	编码结果
A 团队	A5	我研究的技术目前是我们团队的一个主攻的方向，所以我更多的是结合自己的研究，做前沿基础研究，而这个方向与企业的需求有联系，尽量地做基础研究去支持产业化	基础研究支持产业化	互补性伙伴匹配
	A6	企业对计算机模拟这件事不认可，企业老板的观念存在问题，觉得不需要，或者觉得花钱太多。有些人又想得太玄乎，抱有很大的期待。 企业项目一般是自己做，学生做辅助工作	企业不认可 老板观念问题 企业项目自己做	一致性伙伴不匹配、资源投入
	A7	将国家科技进步奖获得的学校奖金作为新研究项目的启动资金。 思路决定出路，与企业联手合作，发挥各自所长，教授管技术支撑，企业管产业化和走市场，从而实现双赢。 知识分子一定要大胆地与企业联手合作，教授躲在实验室，成果是很难产业化的	新项目启动资金 教授管技术支持 企业管产业化和走市场 发挥各自所长 走出实验室	资源投入、互补性伙伴匹配
	A8	我们和企业一起合作申报项目，高校负责技术开发，企业负责产业化。科研成果需要在市场得到检验，才能不断促进科研成果的进步，推动研究向前走	高校负责技术开发 企业负责产业化 推动研究向前走	互补性伙伴匹配
	A9	与企业合作的项目都是有一定风险的，但是大家对风险的认知是统一的，而且当双方看准技术的市场化前景时，一起实现产业化就行了	统一认知 一起实现产业化	一致性伙伴匹配
	A10	企业合作需要投入大量的个人时间和精力，与企业的合作目标是完全一致的，帮助企业开发产品	时间和精力投入 合作目标一致	资源投入、一致性伙伴匹配
B 团队	B1	我在企业相当于技术副总，很多核心技术双方都是共享的。吃住都在企业，全程参与生产流程，毕业设计的题目就出在生产车间里。 产学研合作的伙伴是没有选择的，高校是从方，而企业是主方，高校主要负责配合协同，解决企业的问题，给企业创造更多的好处，企业受益了，高校才能受益。 企业的希望值高，对科研的需求不关注	核心技术共享 高校是从方配合协同 企业对科研需求不关注	资源投入、互补性伙伴不匹配

续表

团队	学者	典型证据	关键词	编码结果
B 团队	B2	那时候和 JBL 合作，2004 年的那个项目，当时我们团队 5~6 个人是常驻在 GBL 企业的，从周一到周五，同时还带领 10~20 个学生去做研究，所以老师也付出了较大的精力。 合作的企业方很重要，新产品的推出都是有风险的，所以这个企业总要能理解风险的存在	团队 5~6 人常驻企业 老师付出较大精力 理解风险	资源投入、一致性伙伴匹配
	B3	博士阶段主要是在 DFHG 度过的，当时一个人全程参与这个项目，从可行性研究报告到结题报告的完成，实验是在企业完成的，博士论文的选题也是双方共同拟定的。 高校完成 80% 的性能，能满足市场的需求，而企业希望赶上 100% 的性能，希望比国外的更好，而实际上 20% 需要企业来完成，但企业的期望值很高	全程参与企业项目 实验在企业完成	资源投入、一致性伙伴不匹配
	B4	我们和 JBL 合作，帮助企业从开始的 1 亿元做到 30 亿元，现在企业各方面已经有能力去解决问题了，所以我们更多的是协助申请平台	协助申请平台	互补性伙伴不匹配
	B5	和企业合作，大家的目标方向是一致的，帮助企业解决产品技术问题，在目标达成一致后，这事情就好办了，后来多次合作后，就不存在什么问题了，企业了解了高校的模式，很多流程按照学校的程序走，都比较顺畅	目标一致 企业了解高校的模式	一致性伙伴匹配
C 团队	C1	2010 年前后，专硕的学生需要去企业实习实践，现在主要还是研究生为主，硕士一年级学理论，然后去工厂实习一年或者半年，主要是学习技术，学生派去企业与工程师一起开发，企业的要求也不高，只要将产品开发的成果给他们即可。一般是帮助企业解决关键技术，如通信技术，企业写不了程序，我们就帮助他们进行解决，而在工艺这块企业比较在行。 对于一些纵向项目，很多企业并不履行合同，之前有个企业给弄个空头支票到学校，所以我们更多地选择和大企业上市公司合作。 和 YST 的合作，当时转让 4 个发明专利和 4 个实用新型专利，帮助他上市，承诺给股份，但是最后未实现	研究生去企业 学习技术 企业对工艺在行 企业不履行合同 承诺未实现	资源投入、互补性伙伴匹配、一致性伙伴不匹配

对于 A 团队的学者而言，在产学研合作上投入了大量的资源，大力地推进了科研成果的转化，更多的合作是企业引进团队的科研成果后，合作双方为了促进产业化，大家目标高度一致，企业负责产业化和市场，而学者们负责技术在企业的兼容性问题和稳定性问题等方面的改进，而且这类企业一般是行业的龙头企业，这些企业在产业化能力上比较强大，这样的能力与 A 团队学者的研发能力形成了互补性的匹配关系，促进了科研成果的落地，也提升了科研成果的进步，实现了 A 团队带头人的理念，"先立地再顶天"。然而在 A 团队里，并不是每个学者都认为存在伙伴匹配的合作关系，这与学者的学科背景存在一定的关系。

对于 B 团队的学者而言，同样在产学研合作上投入了大量的人力和精力，B 团队几乎成了合作企业的技术开发机构，而实际上，对于早期的 B 团队而言，是具有国内领先的科研成果的，但与 JBL 企业合作之后，在该企业上付出了过度的科研人力资源，而挤出了学者们在科学研究上的资源投入。而且，JBL 企业在行业并非龙头企业，该企业的创新能力基本上是与 B 团队合作才建立起来的，因此，对于 B 团队的学者而言，与这样能力水平的企业合作，在能力上是不匹配的。在合作目标上，B 团队与合作企业形成高度一致的目标，但这个一致性体现在帮助企业解决实际问题上，即开发企业的产品技术，而非解决行业层面的核心技术，这样的一致性目标是短期的，而不是长期的发展。

对于 C 团队的学者而言，与企业的合作更多的是通过学生这一载体，带领学生与企业合作完成项目，因此在人力资源上也投入了大量的资源。选择上市企业或大企业开展合作，对于 C 团队而言，合作伙伴上是互补的，企业的需求能满足团队学生科研的需要，然而在合作中，团队带头人发现与企业的价值观存在不一致，企业存在不守信用的表现，承诺的目标也并未实现。

第五节　学者学术绩效

　　通过对案例数据的整理和编码，我们发现高校科研团队的学者参与企业合作后的学术绩效结果存在差异性（见表 3 - 5）。对于一些学者而言，参加产学研合作是能够促进学术绩效提升的，然而一些学者认为对学术绩效带来了危害。前者认为企业实践需求有助于凝练科学问题，有应用价值的基础研究更能实现企业需要的同时，也能促进科学研究的发展，然而后者认为产学研合作挤出了自己在基础研究的时间和精力，导致没法将产业合作与学术研究兼顾。

表 3 - 5　　　　　　　　　　　案例学者的学术绩效

团队	学者	典型证据	关键词	编码结果
A 团队	A1	通过合作发现，传统设备和新设备之间的差异，如为什么什么都不加的情况下却可以兼容，这就开始思考这里面的关键核心问题，然后就去报项目，做基础研究。合作完后一般是先申请专利，再写论文，一直模式就是这样的，先要有版权，然后去发现科学问题	思考关键核心问题 基础研究 发现科学问题	学术绩效提升
	A2	产学研合作对论文和课题的选择关系不是很明显，因为科研的导向与企业的需求是不契合的，企业的需求与科研的价值还存在一定距离	企业需求与科研价值存在一定距离	学术绩效降低
	A3	大学象牙塔很多时候目标不明确，但企业的需求会让应用基础研究变得更有价值，理论研究与企业实践结合才能发展得更好	应用基础研究更有价值 理论与企业实践结合	学术绩效提升
	A4	企业的合作对学术研究有帮助，但发的文章上不了好的档次	文章上不了好档次	学术绩效降低

续表

团队	学者	典型证据	关键词	编码结果
A 团队	A5	自己的研究方向是与产业的发展相贴合的，并不冲突，做基础研究也是在样机的基础上进行，尽量将做的基础研究去支持产业化。大的方向会沿着以基础研究导向为原则，过程中可能会考虑应用的问题，所以更多的是应用基础研究	基础研究支持产业化应用基础研究	学术绩效提升
	A6	合作损坏学术研究肯定是有的，很难做到平衡，而且企业项目的学术价值不高	合作与学术研究难以平衡学术价值不高	学术绩效降低
	A7	先立地后顶天，产品样机研制后，迅速应用于生产实践，形成一系列技术，再进行理论凝练与总结，在领域硬是闯出一条路	理论凝练与总结	学术绩效提升
	A8	从企业合作中发现研究成果的不足之处，不断完善，反过来促进学术研究的不断进步	促进学术研究	学术绩效提升
	A9	在产业化和学术研究方面都会顾及，还是能发表好文章的	产业化与学术研究平衡	学术绩效提升
	A10	学校有考核的要求，文章不得不发，但是与企业合作并不能直接给写文章带来帮助	合作对学术研究帮助不大	学术绩效降低
B 团队	B1	在高校里，有两条路可以选择，一条是产业化，另一条是开展基础研究，很少有人能够兼顾这两条路，而且在我们这个行业，合作效果很难得到快速的评价，没多少人有耐心等待。如果让我重新选择，我会重走写文章的路，不走产学研合作，人的精力是有限的，如果不搞产业化，结果可能不会是这样	产业化与学术研究不可兼顾	学术绩效降低
	B2	我觉得这个事情不矛盾，之前有个博士生，做项目从中试一直到商业化，从头跟到尾，发的文章也不比别的同学差	博士生发文章不差	学术绩效降低

续表

团队	学者	典型证据	关键词	编码结果
B 团队	B3	我的博士选题是高校和企业双方共同拟定的，研究更偏向于应用性。毕业属于勉强毕业，发高水平的论文比较困难。走应用这条路是没有回头路的，回头做理论研究比较困难，虽然通过提炼可以发表 SCI 论文，但是想发一区、二区的比较难	做理论研究困难发好文章困难	学术绩效降低
	B4	产学研合作和科学论文存在一定冲突，毕竟做产学研合作对于写出和发表高水平的论文还是存在一定的差距的，但对于专利还是有帮助的	合作与科学论文存在冲突	学术绩效降低
	B5	企业问题与理论研究存在一定的距离，这个观点我是认可的，但对于发明专利的提升作用还是存在的	企业需求与理论研究存在距离	学术绩效降低
C 团队	C1	博士生和硕士生形成配合，前者主要写高水平论文，后者主要做技术，主要研究新领域、交叉领域，如通信、新能源的前沿技术，而博士生主要是在传统学科领域，能发好的文章	技术和论文互相促进	学术绩效提升

在 A 团队，技术原理的不断突破与产业合作是分不开的，教授躲在实验室是无法将科研成果产业化的，更不能作出对经济有巨大贡献的成果，与市场接轨，时刻关注科技前沿和行业发展对于工科类学科的研究来说是必须的。因此，在与大量的企业合作后，团队成员并未满足于某一家合作带来的收益，而是投入更多的企业合作，解决行业的共性问题。唯有这样，才能保证科研的内容永不落伍。然而，并非所有 A 团队的学者都有这样的认识，一些学者认为企业的需求与科研价值还是存在一定的距离，企业的需求对于学术价值的作用不大。

在 B 团队，团队走上产学研合作的道路之后，与企业合作，帮助企业将规模做大，然而在这个过程中，曾经的精英团队逐步演变成了学院里被边缘化的团队，在科学研究上拼不过学院的一些其他团队。在产学研合作道路上，一些学者表示再没有回头路，回头做理论研究已不现实，毕竟人的精力有限。从 B 团队整体看来，参与产学研合作使学者的学术绩效降低，尽管 B2 学者认为二者的关系不冲突，其举例的博士生毕竟是少数人，但从 B2 学者的学术绩效来看是有所下降的，因此将编码结果调整为学术绩效降低。

在 C 团队，做产业合作和做科学研究是两条腿走路，一条是学者带领硕士生在走，另一条是学者带领博士生在走，两条路在学者这里存在交集，企业需求和学术研究互相作用、相互促进。

第六节　跨案例分析及命题提出

在对每个科研团队的访谈学者在产学研合作动机、合作行为和学术绩效的编码结果基础上，课题组的两名博士研究生对案例结果独立汇总，经过协商讨论确定最后的编码结果，案例学者的结果汇总如表 3-6 所示。基于案例内和案例间的相同点和不同点，通过实践和理论相结合的方法解释现象原因并提出若干研究命题。

表 3-6　产学研合作动机、合作行为、学术绩效的案例间对比分析

| 科研团队 | 学者 | 合作动机 | 合作行为 | | | 学术绩效 |
| | | | 资源投入 | 伙伴匹配 | | |
				互补性伙伴匹配	一致性伙伴匹配	
A 团队	A1	使命动机主导	高	高	高	提高
	A2	使命动机主导	高	高	高	降低
	A3	使命动机主导	高	高	高	提高
	A4	资助动机主导	高	低	高	降低
	A5	学习动机主导	低	高	高	提高
	A6	使命动机主导	高	低	低	降低

科研团队	学者	合作动机	合作行为			学术绩效
			资源投入	伙伴匹配		
				互补性伙伴匹配	一致性伙伴匹配	
A 团队	A7	使命动机主导	高	高	高	提高
	A8	使命动机主导	低	高	高	提高
	A9	使命动机主导	高	高	高	提高
	A10	使命动机主导	高	低	高	降低
B 团队	B1	使命动机主导	高	低	低	降低
	B2	使命动机主导	高	低	高	降低
	B3	资助动机主导	高	低	低	降低
	B4	使命动机主导	高	低	高	降低
	B5	使命动机主导	高	低	高	降低
C 团队	C1	学习动机主导	高	高	低	提高

合作动机促使合作行为的产生，合作行为的不同最终会导致学术绩效的差异。通过对 A、B、C 三个案例团队受访的学者进行分析，研究发现基于不同类型的动机主导下的高校科研团队学者的学术绩效存在差异。根据合作行为的维度划分为个体自身维度的资源投入和个体与环境交互维度的伙伴匹配，研究发现在个体维度，资源投入与学术绩效之间存在非线性的关系，在个体与环境交互维度，伙伴匹配是影响学术绩效的重要因素。具体分析内容如下所示。

一、产学研合作动机与学术绩效

（一）资助动机与学术绩效

在案例团队中，A 团队的学者 A4 谈到，政府的项目很多是前瞻性的项目，与自己研究方向的相关度很低，申请政府的项目并不是那么容易，因此转向企业合作获得经费的支持，企业纯粹委托的项目比较容易解决，合作顺利。对于自己来说，还可以提高自己的收入，然而这些项目更多的是解决企业的实际问题，更多的是对工艺技术的改进，这样的合作是没法做好科研的，即使做科研也上不了好档次。即使是政府的项目，有企业参与合作的，很多项目流于形式，完成合作目标即可，并不去考虑长期的发展，而且很多项目并没有真正地做出来成果。而 B 团队的学者 B3 则认为参与产学研合作的动机是获得经费，更倾向于做应用研究，企业委托的技术开发能带来经济的收入，但这样的合作发表文章困难，如博士期间参与企业合作项目，后来算是勉强毕业。由此可见，基于资助动机下的产学研合作对于学者的学术绩效存在负向的影响。

（二）学习动机与学术绩效

在案例团队中，A 团队的学者 A5 由于研究的课题与产业的需求存在联系，其认为参与产学研合作更多的是有与企业对话的机会，能和企业交流自己的研究进展。在团队中，该学者更多地通过基础研究来支持团队科研成果的产业化，因此产业合作与学术研究并不冲突。由此可见，基于学习动机下的产学研合作对于学者的学术绩效存在正向的影响。C 团队的学者 C1 参与产业合作，主要是可以帮助研究生去企业学习技术，能够锻炼学生的能力，真正地将理论与实践结合起来，对于 C1 而言，去企业所了解到的企业需求和学术研究能够形成互补效应、相互促进。由此可见，基于学习动机下的产学研合作对于学者的学术绩效存在正向的影响。

（三）使命动机与学术绩效

在案例团队中，A 团队的学者 A1 由于想要将自己的研究成果进行应用，因此选择与企业开展合作，通过合作有助于思考设备在企业中出现的关键核心问题，然后申请项目做基础研究。学者 A3 则表示希望科研成果能在企业开花结果，这对于自己而言非常有成就感，其认为企业的需求会让应用基础研究变得更有价值，理论研究与实践结合后会发展得更好。学者 A7 认为学者需要大胆地与企业联手合作，躲在实验室是无法将研究成果成功产业化的，要敢于从学校走进企业，去推广运用新技术，将科研成果产业化，产生经济效益和社会效益，从而造福社会和人类，其主张先立地后顶天，通过合作先形成一系列技术，再进行理论凝练。学者 A9 更多的是结合自己所学的专业方向可以解决企业的实践问题，而且工科大学应该具有为当地经济发展作贡献的需要，因此，其在合作中，在产业化和学术研究方面都会顾及，进而发表比较好的文章。尽管 A 团队的 A2、A6 和 A10，以及 B 团队的所有学者均是使命型的产学研合作动机，但他们的学术绩效却在下降，这与其他的影响因素存在一定的相关关系，在后文将进一步展开。由此可见，基于使命动机下的产学研合作对于学者的学术绩效存在正向的影响。

通过以上分析，提出以下命题：

命题 1：不同类型产学研合作动机下的高校科研团队学者的学术绩效存在差异，其中资助动机对学术绩效呈负向相关关系，学习动机对学术绩效呈正向相关关系，使命动机对学术绩效呈正向相关关系。

二、合作行为与学术绩效

（一）个体自身维度：资源投入与学术绩效

在案例团队中，16 位学者中只有两位女性学者的资源投入相对较低，而其他的男性学者在产学研合作上均有相对较高的资源投入。对于两位女性学者而言，其第一次开始与企业合作均在 2013 年，相对于其他学者开始的时间较晚，因此，在合作时间维度上要短，而且两位学者在产业合作上投入的人力和精力也相对要低一点，对于她们而言，在合作过程中学术绩效得到了提升。对于男性学者而言，尽管在资源投入上都较高，但在表现上存在差异。如 A 团队的 A1 学者则表示通过合作，科研成果产业化的过程中出现的实践问题成为推动学术研究发展的动力来源，从实践问题中思考关键核心问题，与企业的合作模式一般是先去申请专利，保护知识产权后再去申请政府项目做基础研究，发现科学问题，因此资源投入有助于提升学术绩效。A3 学者则表示通过与企业的合作，企业的需求会让科学研究变得更有应用性，真正地做到理论与实践相结合。A7 学者则在产学研合作的资源投入和科学研究投入上寻求了一个平衡，其在大量与企业合作之余的时间基本上都用在了实验室的科学研究上，他还表示科学研究要先立地再顶天，科研成果在企业推广应用后，经过市场的检验，不断地改进技术，反过来推动学术研究的进步。然而，并非所有的学者在进行资源投入后反过来又促进了学术绩效的提升，如 A 团队的 A2 学者作为项目总监，大约 2/3 的时间都在企业里，负责整个项目的转化，在他看来产学研合作对论文和科研课题价值的作用不是很明显。B 团队的 B1 表示自己相当于企业技术副总的角色，吃住都在企业里。B2 则表示，在早期与某企业合作时，团队 5~6 个人是从周一到周五常驻在企业，而且带领 10~20 名学生参与项目中，老师们付出了较大的时间和精力，然而，在这样高强度的资源投入后，该团队成为学院的边缘团队，在学术绩效上与其他团队存在差距。基于案例间的对比分析，发现同样都是在学习动机驱使下的学者 A5 和 C1，前者资源投入相对较低，后者资源投入相对较高，但学术绩效的结果都是提高，同样都是使命动机驱使下的学者 A7 和 A8 也是这种情况，由此可见资源投入与学术绩效之间的关系不是简单的线性关系，可能存在一个先升后降的趋势。而对于同样在使命动机驱使下的学者 A6 和 A7 而言，两者资源投入都相对较高，但前者的学术绩效降低，而后者的学术绩效提升，由此发现在资源投入相对较高时，学术绩效存在下降的趋势。由此可见，在产学研合作上的资源投入对学术绩效的影响具有双重效应，既有溢出效应，又有挤出效应。

通过以上分析，提出以下命题：

命题2：高校科研团队学者对产学研合作的资源投入与学术绩效呈倒 "U" 型关系。

（二）个体与环境交互维度：伙伴匹配与学术绩效

1. 互补性伙伴匹配与学术绩效

在案例团队中，团队带头人 A7 表示与企业的合作，需要各自发挥所长之处，学校教授负责技术支撑，企业负责技术商业化和市场，才能实现双赢。A 团队一直坚持这样的模式，如在早期的产业合作中，合作最多的企业是 DT 企业及其子公司，该企业是一家中国香港的上市企业，与该企业合作开发的成果既凝结了 A 团队的世界首创技术，也融合了 DT 企业成熟的核心技术，双方先进核心技术完美结合，不断创造新技术和新知识；在后期的产业合作中，A 团队在将又一重大技术产业化时，YMT 企业引进该项技术，使第一代生产线走出车间，而 YMT 企业作为省属企业改制后成立的企业，拥有强大的技术平台，生产制造能力强大，使该企业成为全球内第一个吃到该项技术螃蟹的企业；在近期的产业合作中，A 团队通过技术入股的形式选择与 XLKJ 企业合作，全面开展 A 团队独占许可的国际首创、国际领先的科研技术成果的产业化工作，A 团队作为技术支撑，而 XLKJ 企业负责产业集群孵化，共同推进行业的自主创新发展。纵观与 A 团队合作的企业来看，大部分企业是领域的龙头企业。在与这类企业合作的过程中，A 团队学者们依据企业出现的情况对技术进行不断的调整，科研成果得到实践检验的同时为科学研究注入了新鲜和互补的产业知识，推动学术研究的进步，团队学者与企业互相成就了对方。然而，在 A 团队里并非每位学者都有这样的认识，如学者 A4 表示，高校教师成为销售员的角色，而企业成为强势方，并且高校研究成果比较前沿，在企业无法产生对接，很多企业无法开展产业化，因此，在他看来，这样的合作伙伴关系对科学研究帮助不大。在 B 团队里，与 JBL 企业的合作无论是前期的合作项目还是后期的合作项目，始终围绕的是产品性能方面的技术合作，尽管同样都是将科研成果产业化，与 A 团队存在巨大差异的是，B 团队合作的 JBL 企业，与 B 团队并未形成有效的互补性合作伙伴关系，一开始的合作就存在能力和资源不匹配的现象，B 团队成为 JBL 企业的技术开发团队为 JBL 企业提供技术支撑，并且具备了很强的产业转化能力，B 团队承担了 JBL 企业研发部门的角色，虽然帮助企业完成了一个又一个开发项目，开发出一种又一种产品，科研成果迅速转化为了现实生产力，JBL 企业取得了快速成长，但是 B 团队在科学创新上却落后于同行，在学院里变得边缘化。由此可见，高互补性伙伴匹配的产学研合作关系更能促进科研团队学者的学术绩效的提升。

2. 一致性伙伴匹配与学术绩效

在案例团队中，A 团队的大多数学者与企业的合作目标是相互支持的，共同推进科研成果的产业化。在 A 团队的帮助下，企业的技术创新能力得到提升，而在与企业之间的交互中，A 团队学者的科学创新能力得到增强，在完成合作目标的情况下也实现了各自的目标。产学研合作存在一定的风险，A 团队的 A9 表示，大家对风险的认知是统一的，而且当双方看准了技术的市场化前景时，产业化这事就好办了。但是 A6 学者则表示，自己与企业之间存在观念的不一致，自己属于计算机学科领域，企业属于机械或者材料领域，觉得计算机模拟并不需要或者花费太高，或者有些企业高管对高校抱有太多太高的期待，进而会加大沟通的成本和产生不必要的冲突，进而影响合作的结果。在 B 团队，B1 学者则表示，企业对高校的期望值很高，在合作中并不关注高校科研的需求，所以很难从企业的合作中凝练出科学问题。同样 B3 也表示企业对高校的期望值很高，而实际上本应该由企业来完成的也变成高校来做了。B5 则表示，大家与企业合作的目标都是一致的，是为了帮助企业解决产品技术问题，后来多次合作后，企业比较了解高校的模式，彼此相互比较信任了，冲突就会少很多。由此可见，高一致性伙伴匹配的产学研合作关系更能促进科研团队学者的学术绩效的提升。

通过以上分析，提出以下命题：

命题3：产学研合作伙伴匹配与高校科研团队学者的学术绩效呈正向相关关系。

（三）资源投入、伙伴匹配与学术绩效

A 团队和 B 团队的大部分学者对产学研合作投入了大量的资源，A 团队的企业合作伙伴匹配性要高于 B 团队的合作伙伴匹配性，A 团队在学术研究上的突破成就相对而言比 B 团队要高。在同一团队里，A4、A6、A9 和 A10 年龄相仿，且差不多时间进入 A 团队工作，同样都在资源投入高的情况下，A9 认为互补性伙伴匹配高，其他学者则认为互补性伙伴匹配低，而 A9 的结果是学术绩效提高，而其他 3 位学者则是降低。因此，在资源投入相当的情况下，产学研合作伙伴互补性匹配更高的情况下，更能促进资源投入与学术绩效的提升。跨案例间的对比结果显示，对 A 团队的 A5 和 C 团队的 C1 学者来说，A5 的资源投入比 C1 的要低，但 A5 的一致性伙伴匹配比 C1 的高，这说明一致性伙伴匹配促进了低资源投入对学术绩效提升的影响。由此可见，产学研合作伙伴匹配对资源投入和学术绩效的关系影响是一种调节效应。

通过以上分析，提出以下命题：

命题4：产学研合作伙伴匹配正向调节资源投入对高校科研团队学者的学术绩效的倒"U"型关系。

三、产学研合作动机、合作行为与学术绩效

在 A 团队里，学者 A1、A3、A7 和 A9 的结果发现，在以科研成果产

业化为使命动机驱动的产学研合作，资源投入相对较高，在不挤出学术研究的资源投入情况下，选择能力互补的和目标及价值观一致的合作企业为合作伙伴，更能促进学者学术绩效的提升。而 A2 的结果告诉我们，不要过度地将自己的精力和时间投入产学研合作中，这样会影响自己的学术研究。在 B 团队里，学者的结果发现，在以解决企业实际问题为使命动机驱使下的产学研合作，资源投入会非常高，容易陷入成为企业技术开发团队的"资源依赖陷阱"。匹配的企业合作伙伴关系也有重要的影响，选择能力相当、资源互补、目标相互支持的企业开展合作，提高企业技术能力的同时，也会反哺高校科研团队的学术研究。另外，在以学术动机为驱动力的合作，更多的是为科研目标而服务，这类动机下的合作，始终围绕学者研究领域为核心，不断从伙伴匹配度较高的合作企业吸收市场知识，与科学知识二者形成双向互动的关系，进而促进学术研究的提高。

通过以上分析，提出以下命题：

命题 5：在使命动机和学习动机的驱动下，为产学研合作资源投入越适度以及合作伙伴越匹配时，高校科研团队学者的学术绩效越大。

第四章

产学研合作动机对学者的
学术绩效影响研究

第一节 理论基础：自我决定理论

动机是心理学和管理学共同关注的重要研究课题，而动机理论作为动机研究中的核心理论，分别从不同的视角揭示了动机发生的心理机制，由此构成了不同的理论流派（章凯，2003）。在本研究中，启发较大的来自动机理论流派后期的自我决定理论。德西和瑞安（Deci & Ryan，1985）首次提出自我决定理论（self-determination theory，SDT），其为研究人类行为动机的多方面性质及其与社会价值观和规范的关系提供了有用的视角（Gagné & Deci，2005）。考虑当人们认为行为会导致预期结果时，人们会采取行动，SDT 会区分结果的内容和追求行为的监管程序，从而预测行为背后的动机变化。SDT 包含四个子理论，分别是：基本心理需要理论、认知评价理论、有机整合理论和因果定向理论（Deci & Ryan，2000；Ryan & Deci，2000a；暴占光和张向葵，2005；孟亮，2016）。

一、基本心理需要理论

基本心理需要理论（basic psychological needs theory）是自我决定理论

的核心内容，该理论提出人类三种基本的心理需要，分别是自主需要、胜任需要和归属需要（Deci & Ryan，2000）。基本心理需要理论的提出为研究外部环境与个体动机和行为的关系提供了理论视角（刘追和池国栋，2019）。

自主需要是指个体在从事行为的过程中，能够按照自主的意愿进行选择，是一种自我决定的需要。胜任需要是个体可以胜任某项行为而获得的成就感。归属需要是指个体需要感受到来自他人的爱和关怀。由此可见，在基本心理需要理论认识下的三类需要更多的是个体内在的动机，而这种动机更能激发个体积极行为的产生，在组织情境中，三类需要则与个体的绩效和幸福感存在重要联系（Deci & Ryan，2000）。

二、认知评价理论

认知评价理论（cognitive evaluation theory）是阐述社会环境即外部事件对个体内在动机的影响，在自我决定理论体系中提出时间最早（Deci，1975）。在该理论的认识下，个体的动机被分为外在动机和内在动机两类，前者是由外部事件诱发的，后者是出于个体自我成长的内在需要。外部事件对个体的影响作用进一步划分为三类：去动机的、控制性的和信息性的。不同的外部事件对于个体胜任感的影响存在差异，从而影响内在动机。当个体对自己的行为评价为去动机事件时，这意味着这是无效的事件，这类型的个体可能不会产生胜任力的感觉，从而削弱其内在动机；当个体对自己的行为评价为控制性事件时，对于个体而言产生的更多是一种压力，会降低个体自主决定的感觉，从而降低其内在动机；当个体对自己的行为评价为信息性事件时，这类型的个体更多的是与环境产生信息交互的作用，从而促进个体胜任感的产生，提高个体的内在动机（张剑和郭德俊，2003）。

三、有机整合理论

有机整合理论（organismic integration theory）探讨的是外在动机的分类问题和促进外在动机转化为内在动机的过程，该理论并不是简单地将动机划分为内在动机和外在动机，而是依据自我决定的不同，区分三个主要状态分别是：内在动机、外在动机和无动机。内在动机是指为其固有的快乐和满足而做某事，而外在动机是指为可分离的结果或外部奖励去做某事，无动机意味着由于缺乏兴趣或不重视活动而无意采取行动（Ryan，1995）。

有机整合理论认为个人的行为动机可以置于自我决定的连续体上，它的范围从完全缺乏自我决定的情绪到内在动机，这是一种典型的自我决定行为，因为它源于个体的自发兴趣而不是外部控制。在两极之间，外在动机的自我决定程度可能存在差异，从完全外部监管的行为到部分或完全内部整合的行为，近似于内在动机。有机整合理论的核心是这样一种观点，即外在动机的行为可以转化为内在动机的行为，因为个体将价值观和行为规则内化为其背后的基础，当发生这种情况时，行为变得自主，不再需要外部奖励（Gagné & Deci，2005）。

基于人类对自主的天生心理需求的基本原则，有机整合理论将内化视为一个积极、自然的过程，在这个过程中，个体试图将社会认可的规范或要求转化为个体认可的价值观和自我规范（Deci & Ryan，2000）。因此，有机整合理论强调个体在内化过程中的作用，因为它不仅是社交环境对个体所做的事情，而且也代表了个体积极地将外部规则融入内部价值并将其重构为内在价值的手段（Ryan，1995）。有机整合理论确定了外在动机四个不同的内化过程：外部、内摄、认同和整合，它们代表了动机从外在向内在转化的连续性上，不同程度或形式的调节（Deci & Ryan，2000）。当个体的行为受到报酬和避免惩罚时，则会发生外部调节作用。当个体部分接受外部调节，但尚未将其内化为自身价值时，就会发生内摄，因此行为与其价值观不一致并不是自我决定的，它是一种部分受控制的活动，主要是外在动机。当个体认同自己选择的目标的行为价值并且他们体验更大的自由和意志时，就会发生身份认同，因为这种行为与他们的个体目标和身份更加一致。认同使行为更加自主，并将其转向连续体的内在端。最完整的内化形式是当个体完全认同社会规则或价值观的重要性时，将其融入自我意识并将其视为自己的意义时发生的整合，由于行为与个体的价值观和身份完全一致，在没有外部监管的情况下，他们受到内部动机的驱使（Gagné & Deci，2005）。

四、因果定向理论

因果定向理论（causality orientation theory）阐明了个体如何向有利于自我决定的环境发展的倾向问题，这一子理论弥补了前三项理论未考虑个体差异的缺陷（孟亮，2016）。在该理论的认识下，个体存在三种类型的因果定向，分别是：非个人定向、控制定向和自主定向。非个人定向是指个体相信对满意结果的获得是个体无法控制的，更多的是存在运气或幸运的成分；控制定向是指个体受到报酬、现期、结构、自我卷入和他人指令的控制，对于一个具有高度控制定向的人，对于报酬极易形成依赖性，更容易与他人要求取得一致，而非与个人自身要求取得一致，这类个体容易将财富等外在因素放在极端重要的地位；自主定向是指个体能够激发内在动机的环境，这种环境更具挑战性且能够提供信息反馈，在高水平自主定向下的个体会表现出对自我决定的更高渴求，更倾向于寻求创新、有趣和有挑战性的活动（Deci & Ryan，1985b）。

自我决定理论对于本研究的意义在于它为产学研合作动机的分类提供了一个标尺，并合理地解释了产学研合作动机与行为和学术绩效之间的关系。基于自我决定理论的认识，资助动机属于外在动机，个体的行为受到外部控制的调节作用，使命动机属于内在动机，个体的行为受到内部控制的调节作用，而学习动机介于外在动机和内在动机之间，个体的行为受到部分内控的调节作用。由于不同动机下的学者对于产学研合作认识存在差异，导致学者的学术绩效存在差异。对于学者而言，使命动机相比于其他两种动机更容易形成自我决定的行为。对于资助动机的学者而言，将产学研合作视为控制性的外部事件，会降低其自主决定的感觉，而学习动机的学者更倾向于将产学研合作视为信息的外部事件，会与合作企业产生更多的信息交互作用，有助于朝着自我决定的环境发展。

第二节　产学研合作动机与学者的学术绩效的关系研究

本书将高校科研团队学者参与产学研合作的动机分成资助动机、学习动机和使命动机三类，通过探索性多案例研究发现，不同类型产学研合作动机下的高校科研团队学者的学术绩效存在差异。本节将基于相关理论认识基础进一步探讨，提出更清晰和更细化的理论上的影响关系。

一、资助动机与学术绩效

资助动机是一种获得财务补偿激励下的动机，既包含为研究获得更多的资助，还包含提高工资收入，实现财务富裕（Lam，2011；Iorio et al.，2017）。基于自我决定理论的认识，资助动机是一种外在动机，财务补偿是一种外部奖励，这种动机下的个体受到外部调节作用，受这种动机驱使下的学者参与产学研合作的行为与传统下的莫顿科学规范存在不一致的现象，而且学者的研究极易受到外部的控制，即受到资助方的影响。因此，在资助动机驱使下的产学研合作是机会驱动型的合作。资助动机下的学者更多是"经济人",获得可感知的经济奖励是其显著特征。从知识共享的角度来看,只有当个体的预期报酬大于成本时,知识共享才会发生,但"搭便车"行为的存在,会极大影响知识共享的交易积极性,从而降低知识共享意愿(王晓科,2013)。本研究认为,在资助动机驱动下的产学研合作对于学者的学术绩效的影响呈现出负向的作用,原因主要为以下三个方面。

首先,在这种产学研合作动机驱使下的高校学者更可能将自己的研究定义为应用研究,并且会参与大量的产学研合作(Gulbrandsen & Smeby,2005)。这类型的合作项目涉及更多的是应用研究和有目标的结果(Wong & Singh,2013),而且更关注在短期的问题解决上(Rosenberg & Nelson,1994)。在合作过程中,学者作为专业领域的专家,更多的是利用自己已有的知识去解决企业的问题并提供改进的措施。为实现这一目标,学者不需要太多关于客户及技术的先验知识,开展的合作更多的是开发性的活动,对于学术绩效的提升帮助甚微。

其次,在这种产学研合作动机驱使下的高校学者更容易受到资助企业的影响。企业在应用研究的投资更多的是短期投资(Henard & Mcfadyen,2010),企业要求快速出成果,而实际上快速出成果的研究对于学者的学术研究并没有多大帮助。对于企业而言,在私人部门的激励系统下,有责任且有需求对于投资的价值进行保护,因此,企业对合作研究的结果有延迟发表或者不发表的诉求,逐步导致了产学研合作过程的"保密问题"(Looy et al.,2006;Taheri & Geenhuizen,2016)。一旦保密之后,对于学者而言,基本上在一定的时间里无法发表科学论文,这对于学者的学术绩效产生巨大的影响。

最后,企业的资助激励使学者选择在合作目标预设下的研究领域开展研究,使学者的研究议程受到产业合作应用导向需求的牵引而导致学者忽略主要的研究任务,这种研究议程的变化即所谓的"倾斜问题"(Looy et al.,2006;Crespi et al.,2011;Kalar & Antoncic,2015)。研究发现在资助动机下的产学研合作项目中获得想法的学者与在政府资助研究项目中获得想法的学者同行相比，前者与科学发现的相关度要比后者低（Hottenrott & Lawson，2014）。因此，在资助动机驱动下的合作不一定是学术研究的补充，通常被认为具有较低的学术研究价值，很少有研究适合发表（Perkmann & Walsh，2008）。在探索性案例中，B 团队的学者 B3 参与产学研合作的动机是想获得更多的经费，其博士阶段是在企业度过的，博士论文的选题也是双方拟定的，由此看来合作企业对于学者的研究产生了影响，使其研究更偏向应用性，发高水平论文对其而言相对较难。

二、学习动机与学术绩效

学习动机是一种通过与企业的合作，获得互补性资产和在思想和经验上进行交流的动机（Iorio et al.，2017）。基于自我决定理论的认识，学习动机是介于外在动机和内在动机之间的动机，这种动机下的个体受到认同调节作用，属于部分内控，学者认同产学研合作带来的价值，这种合作行为更自主一些，在学习动机驱使下的产学研合作是一种研究驱动型的合作。学习动机下的学者更多的是"社会人"，通过相互之间的交流来建立一种基于互惠性的长期合作行为（王晓科，2013）。本研究认为在学习动机驱动下的产学研合作，学者的学术绩效的影响呈现出正向的作用，原因主要为以下三个方面。

第一，在这种产学研合作动机驱使下的高校学者存在明确的获取合作伙伴核心知识的目标（郑景丽和龙勇，2016），会围绕着自己的研究主题方向开展相关合作。因此，在自己的研究领域不断地积累来自市场的新知识，进而形成对自己的科学知识的协同效应，有效地促进学术绩效的提升。在探索性案例中，A 团队的学者 A5 认为参与产学研合作有更多的与企业对话的机会，能和企业交流自己的研究进展，该学者表示自己研究的方向是团队的一个主攻方向，而这个方向企业又存在需求，形成了比较高的相关度，对其而言更多的是通过基础研究来支持团队科研成果的产业化，因此产业合作与学术研究相互结合、相互促进。

第二，从知识共享的角度来看，在这种产学研合作动机驱使下的高校学者更倾向于以非正式的合作方式展开合作，这种合作模式更有利于隐性知识的共享。高校学者的隐性知识能为企业提供科学依据，解决困扰企业长期没有解决的问题，同时也为企业的技术创新提供强大的基础研究支持，而企业的隐性知识为高校学者提供更多的实践问题，使学者的研究方向更加符合市场的需求（胡刃锋，2015），进而形成双向共享知识，促进知识的双向流动。在探索性案例中，C 团队的学者 C1 参与产业合作，主要是可以帮助研究生去企业学习技术，这种以人为载体开展的企业合作更有利于隐性知识的共享，因此，去企业所了解到的企业需求和学术研究能够形成互补效应，相互促进。

第三，从组织学习的角度来看，在这种产学研合作动机的驱使下，高校学者容易与合作伙伴形成一定程度共享的知识库（Baba et al.，2009；Iorio et al.，2017）。当知识存在较大差异时，技术需求方无法理解和吸收新的知识，使双方的协同成本上升，知识协同效应难以实现，当知识存在较小差异时，合作双方的知识相似性过高，缺乏新的元素，也很难实现协同效应，因此，通过学习的方式形成必备的知识基础时，更有助于产学研合作双方的知识协同效应（吴悦和顾新，2012）。

三、使命动机与学术绩效

使命动机既是一种亲社会的动机，为社会的发展作出贡献，也是一种实现个人好奇心的动机，实现自我满足感（Lam，2011；Iorio et al.，2017）。基于自我决定理论的认识，使命动机是一种内在动机，这种动机下的个体受到内部调节作用，属于内部控制，即学者不再受到外在因素的影响去参与产学研合作，完全是自发的行为，这类学者融合了企业家精神的规范，以将科研成果产业化作为自己的使命去参与产业合作。因此，在使命动机驱使下的产学研合作是一种产业化驱动型的合作。从马斯洛需求理论来看，这种动机属于最高层次的自我实现，这种动机驱使下的学者更多地被定义为"自我实现人"，获得自我成就感促进学者不断地进行知识共享（王晓科，2013）。本研究认为在使命动机驱动下的产学研合作学者的学术绩效的影响呈现出正向的作用，原因主要为以下几个方面。

首先，从巴斯德象限理论看来，这种使命动机驱动下的高校学者开展的产学研合作更多的是在应用基础研究领域，即一种基于应用目的下的基础研究（Stokes，1997）。在该领域的合作研究既可以满足企业的经济利益需求，也可以满足高校学者的学术利益诉求（Van Looy et al.，2006）。因此，在巴斯德象限下的知识，存在双重披露的方式，既会通过正式的知识产权申报保护，又会在科学期刊上发表论文（Murray & Stern，2007）。巴斯德类型的科学家们不会因为产学研合作而忽视对推进科学理解的愿望，但其研究又具备潜在的实际应用价值（Baba et al.，2009；Ooms et al.，2015），这类型的科学家发表的论文与专利申请呈正向相关关系（温珂等，2016），而且发表论文数比传统型的科学家更多（Shichijo et al.，2015）。因此，对于合作双方来说是双赢。

其次，在这种使命动机驱动下的高校学者往往拥有自己的核心技术研究成果，从科学和技术之间的关系来看，科学是技术创造的理论基础，技术的进步又对科学知识存在依赖性（Rosenberg，1994），同时，技术创造为科学研究提供研究方向，推动科学研究的进步，二者之间相互依赖、相互促进（陈悦等，2019）；从基础研究和应用研究之间的关系来看，这类学者会同时增加其在基础研究和应用研究的努力，而且在其他休闲活动上花费的时间更少了（Thursby & Thursby，2011）。尽管存在会占用在基础知识创造上的时间，但是对于学者而言可以利用自己的基础研究来为应用研究服务（Beath et al.，2003），在应用研究上的努力有助于知识存量的提升（Thursby et al.，2007），因此，二者之间存在一个互补的关系（许春，2013）。

在探索性案例中，A 团队的学者 A7 认为学者需要大胆与企业联手合作，躲在实验室是无法将研究成果成功产业化的，要敢于从学校走进企业，去推广运用新技术，将科研成果产业化，产生经济效益和社会效益，从而造福社会和人类，其主张先立地后顶天，通过合作先形成一系列技术，再进行理论凝练。

第三节　产学研合作动机量表

本研究将合作动机定义为高校科研人员参加产学研合作行为的动力，借鉴伊奥里奥等（Iorio et al.，2017）的动机分类，将产学研合作动机分成资助动机、学习动机和使命动机三类。目前关于高校科研人员参与产学研的合作动机主要是国外的研究，因此本研究在斯皮罗斯·阿尔瓦尼蒂斯等（Spyros Arvanitis et al.，2008）、德埃斯特和珀曼（D'Este & Perkmann，2011）、林爱丝（Lam，2011）、拉莫斯·比尔巴等（Ramos Vielba et al.，2016）、伊奥里奥等（Iorio et al.，2017）和黄清英（Huang，2018）的研究基础上，结合中国情境将问卷题项进行修订，最终形成了 13 个初始问卷题项，具体测度题项如表 4-1 所示。

表 4-1　　　　　　　　　　合作动机的初始量表

变量	维度	测量题项	题项来源或依据
合作动机	资助动机	M1 为了获得科研经费	斯皮罗斯·阿尔瓦尼蒂斯等（Spyros Arvanitis et al.，2008）、德埃斯特和珀曼（D'Este & Perkmann，2011）、林爱丝（Lam，2011）、拉莫斯·比尔巴等（Ramos Vielba et al.，2016）、伊奥里奥等（Iorio et al.，2017）、黄清英（Huang，2018）
		M2 为了提高个人收入作为工资的补充	
		M3 为了团队获得更多的资源	
	学习动机	M4 为了和产业界建立网络关系，与产业界进行思想和经验上的交流	
		M5 为了给团队学生或成员提供现场学习的机会	
		M6 为了给学生提供实习或就业机会	

续表

变量	维度	测量题项	题项来源或依据
合作动机	学习动机	M7 为了研究产业的实践问题	斯皮罗斯·阿尔瓦尼蒂斯等（Spyros Arvanitis et al.，2008）、德埃斯特和珀曼（D'Este & Perkmann，2011）、林爱丝（Lam，2011）、拉莫斯·比尔巴等（Ramos Vielba et al.，2016）、伊奥里奥等（Iorio et al.，2017）、黄清英（Huang，2018）
		M8 为了获得本研究领域相关问题的理论认识，使研究处于前沿行列	
	使命动机	M9 为了获得将自己的研究成果进行应用的机会	
		M10 为了将自己的研究结果进行扩散	
		M11 为了结合自己的研究专长解决产业界的实践问题	
		M12 为了延伸大学为当地经济发展作贡献的使命	
		M13 为了提高科学的声誉	

第四节 学术绩效量表

关于学术绩效的相关研究比较多，但大多数是基于二手数据展开的。本研究关注的是高校科研人员的学术绩效，是一种从结果的角度来进行定义的，即参与产学研合作给大学科研人员学术研究上带来的结果。因此，选择定性的测度方法对学术绩效进行测度，借鉴国内外的研究，如伊纳尔维兹和施拉姆特（Ynalvez & Shrumt，2011）、里维拉·韦尔塔等（Rivera Huerta et al.，2011）、王仙雅（2014）、赵延东和洪伟（2015）、卡拉特等（Callaert et al.，2015）、张艺等（2017，2018a，2018b），形成了 2 个本研究情境下的学术绩效的测度题项，具体情况如表 4 - 2 所示。

表 4 – 2　　　　　　　　　　　学术绩效的初始量表

变量	测量题项	题项来源或依据
学术绩效	P1 与同行相比，促进了科学论文数量的增加	伊纳尔维兹和施拉姆特（Ynalvez & Shrumt，2011）、里维拉·韦尔塔等（Rivera Huerta et al.，2011）、王仙雅（2014）、赵延东和洪伟（2015）、卡拉特等（Callaert et al.，2015）、张艺等（2017，2018a，2018b）
	P2 与同行相比，促进了高水平科学论文数量的增加	

第五节　控制变量量表

产学研合作影响学者的学术绩效的过程中存在多种因素的共同作用，除了核心的研究变量之外，还存在一些其他的影响因素。因此，有必要将这些可能影响的变量加入研究模型作为控制变量。基于已有的研究，控制变量主要包含三个层面，分别是组织层次上的大学质量、学科类型和区域、团队层次上的科研团队特征和个体层次上的年龄、性别、职称等特征，一共有 13 个控制变量（见表 4 – 3）。

表 4 – 3　　　　　　　　　　　控制变量的量表

层次	变量	测量指标	题项来源或依据
组织	大学质量	双一流大学和双一流学科的大学，虚拟变量	珀曼等（Perkmann et al.，2013）、卡拉特等（Callaert et al.，2015）、伊奥里奥等（Iorio et al.，2017）
	学科	材料科学与工程、机械工程、化学工程与技术、电气工程、电子科学与技术、计算机科学与技术、控制科学与工程、环境科学与工程、交叉学科及其他，类别变量	
	区域	大学所在的地理位置，类别变量	

层次	变量	测量指标	题项来源或依据
团队	团队规模	团队的人数（教师加学生），计数变量	费勒等（Feller et al., 2002）、博德曼和波诺马里奥夫（Boardman & Ponomariov, 2009）、奥尔莫斯·佩涅拉等（Olmos Peñuela et al., 2014）、卡拉特等（Callaert et al., 2015）
	团队年龄	5 年及以下、5 ~ 10 年（包含 10 年，下同）、10 ~ 15 年、15 ~ 20 年和 20 年以上，用类别变量测度	
	实体机构	依托高校建立的实体机构（如实验室、工程中心等），虚拟变量	
	企业成员	所在团队中有企业人员，虚拟变量	
个体	年龄	年龄阶段，30 岁以下、30 ~ 40 岁、40 ~ 50 岁、50 ~ 60 岁和 60 岁以上五档，类别变量	古尔布兰森和斯梅比（Gulbrandsen & Smeby, 2005）、林敏伟和博兹曼（Lin & Bozeman, 2006）、林爱丝（Lam, 2011）、珀曼等（Perkmann et al., 2013）、巴纳尔·埃斯塔尼奥尔等（Banal Estañol et al., 2015）、塔塔里和索尔特（Tartari & Salter, 2015）、伊奥里奥等（Iorio et al., 2017）、黄清英（Huang, 2018）
	性别	男和女，虚拟变量	
	职称	高级、中级、初级，类别变量	
	政府资助	研究期间主持过国家级纵向项目，虚拟变量	
	团队角色	团队带头人、核心成员、一般成员，类别变量	
	企业经验	在企业工作过或担任过相关职务，虚拟变量	

一、组织层次上

（一）大学质量[①]

借鉴珀曼等（Perkmann et al., 2013）的研究，将大学质量修订成中国的双一流大学和具有双一流学科的大学，用虚拟变量测度。

————————

[①] 大学质量：在珀曼等（Perkmann et al., 2013）一文中该变量的英文表达是 University quality，内涵是大学的排名，在本书中，用是否是中国的双一流大学和具有双一流学科的大学，来测度大学质量这一控制变量。

（二）学科

由于本研究主要关注的是工程学领域的二级学科，借鉴卡拉特等（Callaert et al.，2015）的分类，分成十类：材料科学与工程、机械工程、化学工程与技术、电气工程、电子科学与技术、计算机科学与技术、控制科学与工程、环境科学与工程、交叉学科及其他，用类别变量测度。

（三）区域

借鉴伊奥里奥等（Iorio et al.，2017）的研究将地理因素纳入其中，将学校所属地区划分为：华北、华东、东北、华中、华南、西南、西北七个，用类别变量测度。

二、团队层次上

（一）团队规模

借鉴奥尔莫斯·佩涅拉等（Olmos Peñuela et al.，2014）、卡拉特等（Callaert et al.，2015）的研究，用团队研究人员数（包含教师和学生）测度，划分为10人及以下、10～50人和50人以上三类，用类别变量来测度。

（二）团队年龄

通过访谈和专家意见，认为需要考虑团队成立的时间长短，划分为5年及以下、5～10年（包含10年，下同）、10～15年、15～20年和20年以上，用类别变量测度。

（三）实体机构

借鉴费勒等（Feller et al.，2002）、博德曼和波诺马里奥夫（Boardman & Ponomariov，2009）的研究，在我国这种实体机构主要有国家实验室、国家工程（研究）中心等，用虚拟变量测度。

（四）企业成员

通过访谈和专家意见，认为科研团队中企业人员的学术绩效有显著差异，因此加入这一变量，用虚拟变量测度。

三、个体层次上

（一）年龄

借鉴古尔布兰森和斯梅比（Gulbrandsen & Smeby，2005）、林爱丝（Lam，2011）、珀曼等（Perkmann et al.，2013）、巴纳尔·埃斯塔尼奥尔等（Banal Estañol et al.，2015）、伊奥里奥等（Iorio et al.，2017）、黄清英（Huang，2018）的研究，学者的年龄大小作为控制变量，将学者的年龄划分为30岁以下、30～40岁、40～50岁、50～60岁和60岁以上五档，用类别变量进行测度。

（二）性别

借鉴古尔布兰森和斯梅比（Gulbrandsen & Smeby，2005）、林爱丝（Lam，2011）、珀曼等（Perkmann et al.，2013）、塔塔里和索尔特（Tartari & Salter，2015）、巴纳尔·埃斯塔尼奥尔等（Banal Estañol et al.，2015）、伊奥里奥等（Iorio et al.，2017）、黄清英（Huang，2018）的研究，将性别作为控制变量，用虚拟变量测度。

（三）职称

借鉴古尔布兰森和斯梅比（Gulbrandsen & Smeby，2005）、林爱丝

（Lam，2011）、巴纳尔·埃斯塔尼奥尔等（Banal Estañol et al.，2015）的研究，将职称修订成"高级""中级"和"初级"，用类别变量测度。

（四）政府资助

借鉴巴纳尔·埃斯塔尼奥尔等（Banal Estañol et al.，2015）研究中将是否获得政府资助作为反映个人能力的测度指标，因此本书将用是否主持过国家级项目来综合考量个人能力，用虚拟变量测度。

（五）团队角色

通过访谈和专家意见，认为个人在科研团队中的角色差异与学术绩效有显著关系，因此加入这一变量，用类别变量测度。

（六）企业经验

借鉴林敏伟和博兹曼（Lin & Bozeman，2006）、黄清英（Huang，2018）的研究，将在企业工作的经验修订成在企业工作过或担任过相关职务，用虚拟变量测度。

第五章

产学研合作行为对学者的学术绩效影响研究

第一节 理论基础：社会网络理论和人—组织匹配理论

社会网络理论起源于社会学和人类学领域，20 世纪 70 年代开始引入管理学语境并成为管理学研究中发展最快的领域之一（Parkhe et al.，2006）。社会网络是社会行动者及其相互之间关系的集合（Brass et al.，2004），社会网络分析弥补了管理学已有理论对互动关系的忽视问题（黎耀奇和谢礼珊，2013）。社会网络理论已应用在多个层次，但有文献综述研究发现以个体为分析单元的研究占绝对主导作用，其重点聚焦在个体所处的关系和网络的行为及其结果等要素上（张闯，2011）。随着研究的发展，出现了社会网络理论的众多子理论，如网络结构理论、强关系理论、弱关系理论、社会资本理论、网络嵌入理论、结构洞理论等。在本研究中，启发较大的是强关系理论和弱关系理论，因此，基于这两个子理论进一步阐述研究。格兰诺维特（Granovetter，1973）首次提出"关系强度"的概念，依据关系的强弱，划分为弱关系和强关系两种类型。

一、弱关系理论

格兰诺维特（Granovetter，1973）提出弱关系（weak tie）理论，即"弱关系力量假设"，其认为个人与他人之间形成的松散或间接的联系是弱关系，这种弱关系具有更多的优势，原因在于，弱关系增加了网络的多样性和异质性，是获得低冗余资源的重要通道，同时弱关系有更高的信息传递效率，保证信息流的顺畅。从松散耦合的概念来看，没有紧密联系的个体或团队更具有适应性，因为他们受到的约束比较少（Weick，1976）。弱联系可以通过连接其他子单元而在网络中具有有利的搜索位置，同时避免被强烈陷入网络中的惩罚（Hansen，1999）。弱关系网络更有利于打破角色的禁锢，促进多样化成员网络的形成，有助于在交流中产生头脑风暴的效果（Rhee，2004）。弱关系的特征主要体现在以下三个方面：第一，少结构化，可以通过桥接作用向不同的个体或网络传递信息和资源等；第二，比强关系具有更多的优势，在于新知识可以通过弱关系流向个体；第三，创造更多更短的路径，通过跨越更大的社会距离接触更多的个体（Granovetter，1973，1983）。尽管弱关系存在很多的优势，但仍然存在一些劣势，如对知识内容理解不深入、阻碍频繁交流等（孙晓雅和陈娟娟，2016）。弱关系有助于搜索有用的知识，但阻碍了复杂知识的转移，另外，弱关系可能会存在信任的问题（Granovetter，1973）。

二、强关系理论

强关系（strong tie）理论即"强关系力量假设"，主要的代表人物有克拉克哈特（Krackhardt，1992）和边燕杰（Bian，1997）。克拉克哈特（1992）认为强关系才是创新性知识信息的来源，行动者关系越紧密时，彼此之间的信任会越高，复杂知识的转移往往需要双方紧密的联系（Hansen，1999）。边燕杰（1997）则认为强关系在获得更高影响力时发挥的力量越大。奥伯斯费尔德（Obstfeld，2005）认为强关系网络关系中的成员更容易进行创新，原因在于强关系可以提供一个长期稳定的关系。总之，强关系的重要优势在于彼此之间的信任度高，当一方感知另外一方的高信任时，会更愿意共享知识信息（Zaheer et al.，1998）。然而，和弱关系相比，依然存在以下劣势，首先，相比于弱关系，强关系可能会导致冗余信息（Granovetter，1973）。强关系也可以是非冗余联系，但是强关系可能会随着时间的推移出现冗余联系，原因在于，经常密切的合作会形成彼此比较熟悉的圈子（Hansen，1999）。其次，维持一个强大的关系（无论是否冗余）比维持一个弱关系的成本更昂贵（Boorman，1975），它需要经常会面，这些例行活动通常可能与特定项目没有直接关系，因此会分散项目团队的注意力。最后，强关系比弱关系更能限制行动，相反，弱关系则逃避了这种约束，可以使用他们的网络连接进行搜索（Hansen，1999）。

社会网络理论对于本研究的意义在于可以帮助理解学者的产学研资源投入行为与学术绩效之间的关系。当资源投入较低时，高校学者与合作企业之间形成的更多是一种较弱的关系网络，合作频率低，合作网络松散，随着资源投入的增加，这种弱关系的力量开始逐渐显现出来，有助于学者从合作网络中获取多样性和异质性的知识，同时，这种弱关系的高校学者具有更有利的搜索位置，而且能够形成更有效的技术和知识转移通道，发挥知识协同的效应；当资源投入过高时，高校学者与合作企业之间形成的更多是一种较强的关系网络，合作交流频繁，合作网络存在较高的信任关系，有助于隐性知识的有效转移，然而，对于这种强关系网络而言，在关系的建立和维护上需要耗费较多的时间和精力以及资金成本，可能会挤出学者在自己学术研究上的时间和精力，影响学术研究的推进，除此之外，强关系网络可能带来的是冗余的知识，这类知识对于学术绩效的提升帮助不大。

三、人—组织匹配理论

匹配的概念来源于互动行为理论和人—环境匹配理论（张佳良和刘军，2018）。匹配强调的是个体特征和环境特征的相互作用，二者共同解释行为的差异。人—环境交互的理论在管理学领域的应用已有一个世纪，而且这方面的研究还一直在持续（Kristof – Brown et al.，2005）。人—环境的匹配实际上是指个人与其工作环境的某些方面之间的兼容程度或匹配程度，穆钦斯基和莫纳汉（Muchinsky & Monahan，1987）提出存在两种匹配模式：一致性匹配和互补性匹配，一致性匹配指的是个人特质与环境特征在价值观、目标、规范等方面的相似性，而互补性匹配指的是个人和环境互相满足对方需求的互补性。一致性匹配能促进个人与环境的相互认同，而互补性匹配能促进个人和环境认识到彼此的价值（沈校亮和厉洋军，2018）。凯布尔和德鲁埃（Cable & Derue，2002）将感知的匹配从人—组织匹配感知、需求—供给匹配感知和需求—能力匹配感知三个要素进行概念化。比斯利等（Beasley et al.，2012）总结了个人与环境实现广义匹配的五种方式：（1）价值与目标的一致性；（2）人际相似性；（3）个人需求与环境供给的匹配；（4）个人能力与环境需求的匹配；（5）个人对环境的独特贡献。沈校亮和厉洋军（2018）则基于前者的研究认为能力匹配、需求匹配和独特角色是互补性匹配的形成型构念，而价值观一致和人际相似性是一致性匹配的形成型构念。匹配的类型存在很多种，如人—工作的匹配、人—组织的匹配，人—团队的匹配和人—主管的匹配等，这些都在研究中得到关注（Kristof – Brown et al.，2005）。克里斯托夫（Kristof，1996）则只关注人—组织之间的匹配问题，其认为互补性匹配包括两个方面，一方面是组织能为人提供需要，而另一方面是人来满足组织的需要，并提出了人—组织匹配整合框架。蔡翔等（2007）认为人—组织匹配包含人和组织在价值观、目标和特征之间的协调一致，也包含二者在供需上相互补充。关于人—组织匹配的测量问题，目前主要存在两种方法：第一，直接测量，通过个体的主观知觉匹配进行测量，直接询问是否与组织存在良好的匹配问题；第二，间接测量，依据客观的实际情况进行匹配，基于个体和组织的特征数据，一般采取统计的方法来测算匹配（Kristof - Brown et al.，2005；蔡翔等，2007）。具体的方法使用依据不同的研究目的进行选择。

人—组织匹配往往作为调节变量或自变量，其对行为结果产生重要影响（Kristof - Brown et al.，2005）。个人与组织的价值存在兼容性时具有更高的认同和承诺（Perry et al.，2016）。人—组织匹配会影响个人的满意度、组织承诺和离职的倾向，进而影响绩效（Arthur et al.，2006）。近年有研究开始尝试用人—组织匹配解释创新领域的问题，人—组织匹配会通过心理授权的部分中介作用，进而对创新行为产生显著的正向影响（杨英，2011）。人—组织匹配意味着个体与组织之间能够产生积极的互动，进而对创新行为产生积极影响（吴伟伟等，2017）。从知识整合的角度来看，匹配程度越高越有利于知识整合（张利斌等，2012）。人—组织匹配不仅有助于个人创新意愿和创新能力的提升（蒋白赟佶，2017），还有助于实现个体与所处的组织相融合，释放个人的创新活动，提升协同创新绩效的水平（高少冲和丁荣贵，2018）。

尽管人—组织匹配理论在创新领域有了初探，但在产学研合作创新领域的运用基本是空白，尽管匹配的思想已在相关研究中得到应用（Rajalo & Vadi，2017；马文聪等，2018）。在产学研合作实践中，无论是产学研合作实体组织还是虚拟组织，人—组织匹配理论同样适用，单纯地研究个体的特征并不能有效地分析行为的复杂性，因此，需要将个人与组织之间互动的因素纳入研究中。在本研究中，首先，人—组织匹配理论为个体在伙伴匹配行为上提供了一个维度划分的标准，依据人—组织匹配理论的认识，研究将从一致性匹配和互补性匹配两个维度来刻画学者与合作伙伴的匹配问题，前者侧重目标、价值观和规范方面，而后者侧重的主要是资源、知识和能力方面。其次，人—组织匹配解释了伙伴匹配行为与学术绩效之间的关系。当学者与合作伙伴之间存在较高的互补性伙伴匹配时，为高校学者带来异质性的资源和知识，以及能力匹配的企业合作伙伴，更有利于高校学者知识的溢出效应，促进科学知识和市场知识的耦合，进而促进学术绩效的提升；当学者与合作伙伴之间存在较高的一致性伙伴匹配时，学者与合作企业之间相互支持的目标有助于降低相互冲突，长期发展的价值观有助于促进合作双方开展探索性学习，认可彼此的制度规范有助于形成信任的合作氛围，提高合作资源的利用效率，促进隐性知识的共享和整合，最终提高学者的学术绩效。

第二节　产学研资源投入行为与学者的学术绩效的关系研究

对于高校的学者而言，传统莫顿规范制度和职业实践决定了通过发表学术论文来披露研究成果的重要性。为了获得科学知识发现的优先权，学者们尽可能快地毫无保留地发表研究成果，从而获得同行的认可。然而，在大学"第三使命"的影响下，高校的学者被鼓励积极地与产业建立联系（Etzkowitz，1998）。大学教师角色转型的诉求，使教学、科研和社会服务三项使命并存，扩展与企业的合作关系，具有"纯学术"和"商业元素"混合身份（陈艾华等，2017）。这种混合角色之间的摩擦碰撞使学者必须采取一定的行为来维持在两种身份之间的平衡和稳定（黄攸立等，2013）。学者在产学研合作的努力程度直接关系自身利益和整体利益，而这种努力程度主要体现在人员、资金、设备等资源方面的投入（Bonaccorsi & Piccaluga，2010；刘勇等，2015）。通过资源的一定投入，高校的学者可以获得社会资本，有助于学者向产业界转移和转化知识，在获取和利用产业知识的基础上，有助于促进学者个人的绩效（陈彩虹和朱桂龙，2014）。现有研究证明了参与产学研合作对高校学者的论文发表有正向的影响关系（Stern，2004；Callaert et al.，2015），但资源投入不足和过多时，会产生网络的不合适嵌入和过度的嵌入，都会对合作过程中的知识协同产生负面的影响（何郁冰和张迎春，2017）。

当资源投入不足时，基于社会网络理论的认识，学者的产学研合作网络是一种弱关系的嵌入网络，在这种弱关系合作网络中，双方交互频率较低、合作层次较浅，多是以单向知识流动的互动模式，导致合作双方的知识交流不深入，信息共享的可能性较低（何郁冰和张迎春，2017）。弱关系的力量会随着资源投入的增加逐渐显现出来，有助于学者从合作网络中获取多样性和异质性的知识，同时，这种弱关系的高校学者具有更有利的搜索位置，能够与合作企业之间形成更有效的技术和知识转移通道，发挥知识协同的效应。从交易成本理论来看，资源投入不足表现为合作双方透明度不高，对双方知识的低开放性和高保护性，容易向合作企业释放一种机会主义行为的信号（薛卫等，2010）。双方合作信息存在不对称性，当学者存在不愿付出努力或付出很少的努力时，合作很容易面临失败的风险（刘晓君和王萌萌，2013）。

当资源投入过多时，基于社会网络理论的认识，学者的产学研合作网络是一种强关系的嵌入网络，学者与合作企业之间交流频繁，对于学者而言，需要付出更多时间和精力与合作企业展开沟通交流，增加了沟通的成本，降低了合作的效率（陈彩虹和朱桂龙，2014）。对于绝大多数科学家而言，参与过多的产业合作往往会挤出其争取国家级项目和发表论文的时间和精力（陈彩虹，2015；温珂等，2016）。除此之外，强关系网络可能带来的是冗余的知识，对于学者的知识创新作用微弱。从注意力理论来看，学者将更多的资源投入到产业合作时，会把更多的精力集中在商业研究上，而忽视了学术研究，导致对商业研究注意力提高而学术研究注意力下降，因此高水平的合作可能会产生很多的想法，但这些想法产生很少的学术论文（Banal–Estañol et al.，2015）。毕竟资源是有限的，身为高校的科研人员，其所能够支配的时间和精力资源也是有限的（张艺等，2018）。从资源依赖理论来看，当高校学者对合作企业进行过多的资源投入时，很容易形成对合作企业的资源依赖，导致企业方会寻求复杂的契约来保护自身的利益（薛卫等，2010），企业独占利益的诉求会对学者的知识披露选择方式带来影响，不利于学术研究的推进。除此之外，尽管学者在产学研合作上的资源投入能为学术研究带来新的研究想法，但随着合作不断增加时，想法的更新换代带来的边际效益呈现出递减的效应（Banal – Estañol et al.，2015），因此，更多的合作投入并不能带来学术绩效的提升。在探索性案例中，A 团队的学者 A2 作为企业合作项目的总监，大约 2/3 的时间都在企业里，负责整个项目的转化，然而在他看来产学研合作对论文和科研课题价值的作用不明显。除此之外，B 团队的学者 B1 表示自己成了合作企业技术副总的角色，吃住都在企业里，学者 B2 还表示在与企业合作的早期阶段，团队 5 ~ 6 人常驻在企业，老师付出了大量的时间和精力在企业合作上，然而，在如此高强度的资源投入之后，该团队的学术成就受到了影响，明显与学院其他团队相比存在一定的差距。

总之，产学研合作对于高校的学者来说是一把"双刃剑"，巴纳尔 – 埃斯塔尼奥尔等（Banal – Estañol et al.，2015）发现适当地参与一些产学研合作项目对于高校工程学的学者来说有助于学术发表数量的增加，而产学研合作项目占比大概是 1/3，超过 1/3 的比例之后，学者的学术发表递减。林敏伟和博兹曼（Lin & Bozeman，2006）发现产学研活动对于发表的关系是模糊的或者是倒 "U" 型的关系，而黄清英（Huang，2018）认为过多和过少的产学研活动都会导致学术发表的降低。基于以上的认识，本研究认为高校的学者对于产学研合作的资源投入在适当的范围内，对于其学术绩效的提升有显著的作用，超过一定范围的资源投入，学术绩效有下降的趋势。

第三节 产学研伙伴匹配行为与学者的
学术绩效的关系研究

选择匹配的合作伙伴，不仅可以获得潜在的知识协同效应，又能通过沟通和协调将内外部知识进行整合，从而使合作双方的创新绩效最大化（Mindruta，2013；王文华等，2018）。基于人—组织匹配理论的认识（Muchinsky & Monahan，1987），本研究将伙伴匹配分为两种模式：互补性伙伴匹配和一致性伙伴匹配。这两种模式中，前者是资源、知识和能力的互补性，是决定"门当户对"的合作关系，而后者是目标、价值观和规范的一致性，是决定"两情相悦"的合作关系（马文聪等，2018）。

一、互补性伙伴匹配与学术绩效的关系

互补性伙伴匹配主要体现在三个方面：第一，互补性的资源；第二，知识结构的互补；第三，创新能力相当。因此，互补性伙伴匹配影响学术绩效的途径主要有以下三个方式。

首先，互补性资源可以为高校学者带来异质性的资源，从而促进专业化分工与协作的形成，有助于学者专注于科学研究的探索，促进学术绩效的提升。学研方拥有的优势资源在于先进的科研仪器设施和实验场所、一定教育水平下的科研人才和高水平的基础理论知识，而企业拥有的优势资源在于灵活的创新基金、用来产业化的设备和场地、最直接的市场需求信息（徐雨森和蒋杰，2010；马文聪等，2018）。从界面管理的视角来看，这种互补性的资源更容易形成"全"界面，即高校的学者在技术选择阶段介入到市场应用阶段淡出，而企业则在市场应用到技术选择介入阶段淡出，二者形成了无缝的合作区域，相互交互、相互影响（吴绍棠和李燕

萍，2014）。异质性的资源通过不断的循环，促进了资源的优化配置，创新主体之间形成了互利共生的紧密关系，最终获得协同效应。在探索性案例中，A 团队的学者 A7 表示与企业的合作，需要各自发挥所长，教授负责技术支撑，企业负责技术商业化和市场，才能实现双赢。

其次，知识结构的互补能为高校学者带来异质性的知识，异质性的知识具有外部性和溢出效应，有助于知识耦合，进而促进学术绩效的提升。从知识的固有属性来看，学研方紧跟学术研究的前沿，拥有大量的科学理论知识和科技前沿信息，而企业在产品生产制造和工艺流程方面的专长，以及其更接近市场端的优势，使其拥有丰富的技术秘密和对市场需求的深刻理解（陈家昌和赵澄谋，2016；何郁冰和张迎春，2017），这两类知识具有典型的隐性知识属性，隐性知识对于知识的创造具有更多的可能，除此之外，知识具有公共品属性，两类知识不存在排他性和竞争性，合作双方在知识资源的"使用"上互不干扰，随着知识在不断反复使用的过程中，其价值会持续提升，实现知识的边际效益递增（姚艳虹和周惠平，2015；罗琳等，2017）。在探索性案例中，A 团队的学者合作的企业大部分是领域的龙头企业，在与这类企业合作的过程中，学者们依据企业出现的情况对技术进行不断的调整，科研成果得到实践检验的同时为科学研究注入了新鲜的和互补性的产业知识，进而推动了学术研究的进展。

最后，创新能力相当能为高校学者带来能力匹配的企业合作伙伴，该企业有能力来有效地理解、吸收和整合高校学者转移或转化的知识或技术，有助于知识的顺利转移或转化，进而通过知识的增值、裂变、聚合形成新的知识（吴洁，2007；Mindruta，2013）。当合作双方能力相当时，有助于合作层次进入更高层次的轨道跃迁，实现双方创新能力的螺旋上升，因此，合作知识协同的效率和效能得到进一步的改善。在探索性案例中，A 团队前期的企业合作中，合作的企业 DT 是一家中国香港的上市公司，该公司将成熟的核心技术与 A 团队的世界首创技术形成完美结合，不断地创造新技术和新知识。

总之，互补性伙伴匹配保证了学研方与企业方在资源、知识和能力方面的"天然互补性"，这种互补性作为知识协同的前提，成为形成协同创新合作主体知识增量的保障，促使高校学者在产学研合作中不断扩展其知识储备，知识结构得到进一步的完善，创新资源得到进一步的优化配置，真正地实现"1 + 1 > 2"的效果。

二、一致性伙伴匹配与学术绩效的关系

一致性伙伴匹配体现在以下三个方面：第一，相互支持的目标；第二，长期发展的价值观；第三，认可彼此的制度规范。因此，一致性伙伴匹配影响学术绩效的途径主要有以下三个方式。

其一，相互支持的目标有助于降低相互冲突的目标存在的可能性，促进高校学者和企业合作伙伴形成一股"合力"。知识创新系统和技术创新系统在组织目标上存在显著的差异，前者更关注知识的创造，后者更关注经济利益，成为二者关系紧张和冲突来源的根本（刘林青等，2015）。如果在合作过程中，两个目标能够兼容并互相支持的情况下，有助于合作伙伴之间达成共识，形成稳定的合作伙伴关系，促进双方做出更多的承诺，投入更多的努力共同实现合作目标（马文聪等，2018）。在探索性案例中，A团队的大多数学者表示与企业的合作目标是相互支持的，为了共同推进科研成果的产业化而努力，在过程中，团队的成员与合作企业之间相互成就，在完成合作目标的情况下也提高了各自的创新能力。

其二，长期发展的价值观有助于降低企业的短期导向对高校学者的长期导向的影响，促进合作双方开展探索性学习。在高校自治的环境下，学者追求的是在相对自由宽松的氛围下进行自由的探索，而在市场竞争的环境下，企业追求的是快速地占领市场保持核心竞争力，前者在乎的是创新性和长期性，后者在乎的是成本和短期性，对于高校学者来说很难在企业规定的时间要求下达到某些具体的目标，而且高校的研究成果更多的是原

型和样机，从实验室到产业化是一个漫长的时间过程（梅姝娥和仲伟俊，2008）。当合作是长期目标导向型时，企业会向上游的应用基础研究端靠近，而高校学者也会从纯基础研究向下游的应用基础研究端下沉，这种合作更有利于合作双方开展探索式学习，激发高校学者在未知领域不断地进行沉淀。在探索性案例中，B团队的学者B1则表示，企业在合作过程中并不关注高校的科研需求，因此很难从企业的合作中凝练出科学问题。

其三，认可彼此的制度规范有助于降低合作过程中沟通产生的成本和不信任的关系因素，形成合作、沟通和协调的合作氛围，从而提高合作效率。在实际合作过程中，高校教师存在学校考核任务使其不能随时随地投入在合作项目中，由于某段时间内可能缺乏足够人员支持合作项目，或合作企业因自身发展原因无法及时保证研发资金到位，这些因素都可能成为合作双方产生冲突的原因（徐雨森和蒋杰，2010）。产学研合作双方的文化差异是影响知识转移主体合作障碍的主要因素（刘岩芳等，2010），也是影响产学研合作绩效的因素之一（薛卫等，2010）。文化观念越接近，知识共享越充分，知识转移或转化会越顺畅。在探索性案例中，A团队的学者A6表示自己与合作企业之间存在观念的不一致，企业对高校抱有太多太高的期待，进而加大沟通的成本和产生不必要的冲突，最终影响合作的结果。

总之，产学研知识转移或转化是一种典型的跨场域过程（吴洁，2007），高协调成本、高风险性和高复杂性使跨组织的知识协同存在障碍（何郁冰和张迎春，2017），一致性的伙伴匹配关系有助于减少合作障碍，提高知识共享的效率，促进知识耦合。

综上所述，互补性伙伴匹配给高校学者带来互补性的资源、知识和能力，保障了知识的价值，一致性伙伴匹配降低了合作过程中的冲突，增强了信任关系。二者对于知识尤其是隐性知识的共享和整合有显著的促进作用，最终实现知识的耦合，提高高校学者的学术绩效。

第四节　产学研资源投入行为量表

本研究将资源投入定义为高校科研团队学者在参与产学研合作活动中的人力（时间和精力）、财力、设备和信息方面的投入程度。资源投入的测度主要借鉴国内的研究，如党兴华等（2010）、薛卫等（2010）、秦玮和徐飞（2011）、董美玲（2012）等，形成本研究情境下的 4 个测度题项，具体情况如表 5–1 所示。

表 5–1　　　　　　　　　　　资源投入的初始量表

变量	测量题项	题项来源或依据
资源投入	R1 个人将大部分的时间和精力投入产学研合作中	党兴华等（2010）、薛卫等（2010）、秦玮和徐飞（2011）、董美玲（2012）
	R2 个人将更多的经费投入产学研合作中	
	R3 个人经常与合作企业进行知识和信息的交流	
	R4 个人将实验设备更多地投入在企业合作技术开发上	

第五节　产学研伙伴匹配行为量表

本研究将伙伴匹配定义为高校科研团队学者与产业合作伙伴在合作要素特征方面所具备的适配状态，并基于人—组织匹配理论的认识，从一致性匹配和互补性匹配两个维度来刻画学者与合作伙伴的匹配问题，前者侧重目标、价值观和规范方面，后者侧重的主要是资源、知识和能力方面。伙伴匹配的测度主要借鉴国内的相关研究，如李健和金占明（2007）、赵岑和姜彦福（2010）、胡振华和李咏侠（2012）、程强（2015）、王玉冬等（2017）、吴菲菲等（2017）、罗琳等（2017）、马文聪等（2018）、徐梦丹（2018）等，形成了本研究情境下的 6 个测度题项，具体情况如表 5 - 2 所示。

表 5 - 2　　　　　　　　　　　　伙伴匹配的初始量表

变量	维度	测量题项	题项来源或依据
伙伴匹配	互补性伙伴匹配	CM1 个人与合作企业所贡献的创新资源是彼此需要的	李健和金占明（2007）、赵岑和姜彦福（2010）、胡振华和李咏侠（2012）、程强（2015）、王玉冬等（2017）、吴菲菲等（2017）、罗琳等（2017）、马文聪等（2018）、徐梦丹（2018）
		CM2 个人与合作企业在知识结构上是互补的	
		CM3 个人与合作企业的创新能力是相当的	
	一致性伙伴匹配	CM4 个人的目标与合作企业的目标是相互支持的	
		CM5 个人与合作企业双方追求的是长期发展的价值观	
		CM6 个人与合作企业双方能够相互理解彼此的行为方式	

第六章

产学研合作动机、合作行为对学者学术绩效的实证研究

第一节　理论基础：中介效应和调节效应

一、资源投入的中介效应研究

　　动机是起始点，绩效是终止点，动机决定了行为，行为是动机的外在表现，而绩效是行为的结果。"动机—行为—绩效"这一经典理论框架已广泛地应用在合作创新研究领域（秦玮和徐飞，2011；马蓝和安立仁，2016；孙杰，2016），合作动机是激发合作行为的重要决定因素之一，具有合作动机和合作行为才会产生创新绩效（马蓝和安立仁，2016）。鉴于珀曼等（Perkmann et al.，2013）和黄清英（Huang，2018）对高校学者参与产学研合作的理论认识，学者个体的合作动机通过影响学者产学研合作参与行为进而影响科学产出。从社会交换理论的视角来看，本研究认为学者个人产学研合作行为维度下的资源投入在产学研合作动机与学术绩效的影响关系中扮演中介的角色，即高校学者参与产学研合作的动机对于学术

绩效的影响可能不是直接的线性关系，而是需要通过影响资源投入的强度进而影响学术绩效。

在资助动机下的产学研合作为了获得更多的财务补偿，高校学者会加大对合作企业资源投入的承诺，通过付出的努力来完成预期的合作目标，但这个合作更多的是有助于实现企业的目标，不一定是学术研究的补充（Perkmann & Walsh）。当资助动机越强烈时，学者的资源投入会越大，超过一定范围后，对于学者的学术绩效存在负向的影响作用。

在学习动机下的产学研合作为了获得更多的产业实践知识，高校学者主要通过人为载体加大对合作企业的资源投入，但这个投入相对而言是在适度的范围内，而且获得的产业实践知识是与学者的研究方向保持一致的，有利于获得互补性的知识，促进学术绩效的提升。

在使命动机下的产学研合作为了将科研成果产业化，高校学者需要付出资金、设备、人力等资源，由于这类合作更多地聚焦在应用基础研究领域，这种基于应用目的的基础研究既有助于学者申请专利，又有助于发表科学论文（Murray & Stern，2007）。当学者在产学研合作上的资源投入过多时，也会使学者的研究向下游产品技术端下移，降低学者的学术绩效。

二、伙伴匹配的前半路径调节效应研究

在不同高低程度的互补性伙伴匹配和一致性伙伴匹配的情境下，产学研合作动机对资源投入的关系存在差异。

基于以上的研究发现，资助动机与资源投入呈现正向的相关关系，资助动机下的产学研合作是一种机会驱动型的合作，高校学者更多的是通过已有的知识去解决企业的问题从而获得更多的财务补偿，因此高校学者会在资助合同或协议中承诺投入（Lam，2011；Iorio et al.，2017）。在高的合作伙伴匹配关系中，由于合作企业能力相当，因此企业有能力吸收高校转移的知识，对于高校的学者而言，则无须花费更多的时间和精力来进行

沟通和帮助合作企业吸收技术转移的知识问题，因此相对而言，资源的投入会降低；在低的合作伙伴互补性匹配关系中，由于合作企业能力不匹配，吸收能力较低，高校学者则需要分配大量的时间和精力来完成企业本该承担的工作，存在错配的风险（徐梦丹，2018），正如案例中 B 团队的学者 B3，其参与产学研合作的主要目标是获取企业经费，而合作企业的能力较为薄弱。因此，该学者全程参与合作项目中，从项目开始到项目结束以及实验的完成都在企业里，资源投入比较高。在高的合作伙伴一致性匹配关系中，基于资助动机为合作目标的高校学者与合作企业的目标高度一致，高校方依赖企业的物质投资来解决企业的实际问题，因此会加大投入技术和知识等资源，反之，在低的一致性匹配关系中，由于合作障碍较大，会降低资源投入的努力。

基于以上的研究发现，学习动机与资源投入呈现正向的相关关系，学习动机下的产学研合作是一种研究驱动型的合作，高校学者更多的是通过人为载体获取合作伙伴的市场知识来补充自己的研究（Iorio et al.，2017）。在高的合作伙伴互补性匹配关系中，合作伙伴带来的异质性资源和知识会激励高校学者不断地投入知识共享行为（徐梦丹，2018），反之则吸引力降低导致投入减弱，正如案例中 C 团队的学者 C1 表示，合作的企业在工艺方面比较在行，而且企业的工程师比较有经验，与他们交流可以学到实际的东西，因此研究生一般需要去企业实习。在高的合作伙伴一致性匹配关系中，可以降低沟通成本，减少合作障碍，会促使高校学者对合作所需的资源加大投入，反之降低资源投入。

基于以上的研究发现，使命动机与资源投入呈现正向的相关关系，使命动机下的产学研合作是一种基于巴斯德象限下的合作，是一种产业化驱动的合作，对于高校学者而言，需要付出较大的资源投入才会使产业化成功。在高的合作伙伴互补性匹配关系中，合作伙伴给高校学者释放一种能力高度匹配的信号，让高校学者有信心完成科研成果的产业化，因此刺激投入更多的资源，反之则降低资源投入。在高的合作伙伴一致性匹配关系中，合作伙伴给高校学者释放一种高度信任的信号，因此让高校学者以更多的资源投入在靠近上游的基础研究，相对于在下游的产品技术资源投入分配下降，反之，资源投入则加大，正如案例中 A 团队在与 XLKJ 企业合作中，该企业明确地表明要将 A 团队的科研成果进行产业化的决心，因此 A 团队也很有信心将科研成果交付于该企业，而 A 团队的带头人将更多的时间和精力投入在技术原理的突破上。

三、伙伴匹配的后半路径调节效应研究

在投入—产出的框架下，资源投入是学术绩效的主要预测因素，但在实际情况中研究发现，具备同等资源投入下的高校学者的学术绩效可能表现出巨大的差异，这说明二者之间必然存在情境的影响因素。作为人与环境的交互维度下的伙伴匹配便是这些因素中非常重要的一个，这个因素决定了人与组织匹配的好坏程度，伙伴匹配带来的是有潜在价值的合作伙伴和合适的合作伙伴，进而影响合作的质量和效率问题（Mindruta，2013）。基于以上的研究发现，资源投入与学术绩效的关系呈现倒"U"型，因此，伙伴匹配在资源投入不足和过多的情况下的影响如下所述。

在资源投入不足的情境下，不同类型的伙伴匹配关系的影响作用存在差异。互补性伙伴匹配关系带来的是互补的资源、知识和能力相当的企业合作伙伴，因此，高的互补性伙伴匹配关系会刺激高校学者积极投身合作中（Shan & Swaminathan，2008），一定程度上加大资源的投入会促进学者绩效的提升，低的互补性伙伴匹配关系则带来的是不断增加的合作失败的可能性，高校方投入不足，而合作企业方的能力不足，合作最终以失败告终，无法为高校学者带来新的知识，学术绩效并未得到有效提升。一致性伙伴匹配关系带来的是在目标上相互支持的、有长期发展的价值观和认可高校制度规范的企业合作伙伴，高的一致性伙伴匹配关系营造的是一种合作的氛围和信任的合作伙伴关系，会刺激高校学者在一定程度上增加资源

的投入（Angeles & Nath，2001；Wong et al.，2005），进而促进学术绩效的提升；低的一致性伙伴匹配关系为机会主义行为提供了活动的空间，存在双边道德风险，进一步加剧学者资源投入的不足，削弱产学研合作的效率。

在资源投入过多的情境下，高的互补性伙伴匹配关系能形成有效的分工协作，这可以让高校学者有更多时间和精力专注于更接近基础研究的上游领域的相关研究上，对学术研究产生杠杆效应，而低的互补性伙伴匹配关系可能带来的是技术错位现象，高校学者将更多的资源投入在下游靠近产品技术的相关研究上，进而对学术研究带来更大的挤占效应；高的一致性伙伴匹配关系可以降低沟通成本，提高合作效率，使学者投入的冗余资源使用效率提高，进而学术产出能力增加，而低的一致性伙伴匹配关系会使资源投入过多的负向效应加剧，导致冗余资源更多，高校学者需要投入更多的精力在日常的矛盾和冲突上，合作效果大打折扣。

第二节　理论模型的构建

基于中国产学研合作的现实情境发现，产学研合作在企业创新能力的提升过程中扮演着重要的角色，然而大学的原始创新能力却并未在产学研合作中得到有效的提升。现有大量的产学研合作研究聚焦在产学研合作对企业的影响机制上，较少地研究产学研合作对于高校的影响。高校作为基础研究的主力军之一，尤其是对于科研团队的学者而言，如何平衡科学研究和商业活动实现产学研合作反哺科学知识，成为本书研究的关注点。因此，本书从行为的视角，以合作动机为基本出发点，探究高校学者是如何通过产学研合作促进其学术绩效提升的问题。

在本书中，高校学者参与产学研合作的动机主要有三类，分别是资助动机、学习动机和使命动机，基于自我决定理论的认识，资助动机属于外部动机，使命动机是内部动机，学习动机介于内外部动机中间，不同合作动机会产生不同的合作行为，进而产生不同的学术绩效。合作行为在本研究中包含两个维度，一个是个体自身维度的资源投入，另一个是个体与环境交互维度的伙伴匹配，前者基于投入—产出的认识，资源投入作为中介效应，而伙伴匹配基于人—组织匹配理论认识，分为互补性匹配和一致性匹配，伙伴匹配是情境因素，更多的是一种调节效应，涉及前后两个阶段的调节。在第三章探索性多案例的基本认识和假设的理论推演上，提出本研究的概念理论模型，如图 6-1 所示。

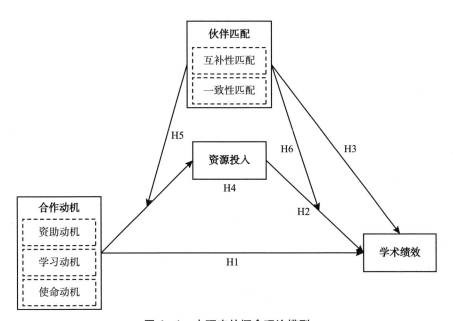

图 6-1 本研究的概念理论模型

基于以上的研究，本书形成了 16 个方面共 17 个假设，研究假设的汇总情况如表 6-1 所示。

表 6 - 1 研究假设的汇总情况

序号		假设
1	H1 产学研合作动机与学术绩效的关系	假设 1a: 资助动机与学术绩效呈负向相关关系
2		假设 1b: 学习动机与学术绩效呈正向相关关系
3		假设 1c: 使命动机与学术绩效呈正向相关关系
4	H2 资源投入与学术绩效的关系	假设 2: 产学研合作的资源投入与学术绩效呈倒"U"型关系
5	H3 伙伴匹配与学术绩效的关系	假设 3a: 互补性伙伴匹配与学术绩效呈正向相关关系
6		假设 3b: 一致性伙伴匹配与学术绩效呈正向相关关系
7	H4 产学研合作动机、资源投入与学术绩效的中介效应	假设 4a: 资助动机对资源投入具有正向相关关系, 并且资源投入在资助动机与学术绩效之间具有中介效应
8		假设 4b: 学习动机对资源投入具有正向相关关系, 并且资源投入在学习动机与学术绩效之间具有中介效应
9		假设 4c: 使命动机对资源投入具有正向相关关系, 并且资源投入在使命动机与学术绩效之间具有中介效应
10	H5 产学研合作动机、伙伴匹配与资源投入的前半路径调节效应	假设 5a: 互补性伙伴匹配负向调节资助动机与资源投入的正向相关关系
11		假设 5b: 互补性伙伴匹配正向调节学习动机与资源投入的正向相关关系
12		假设 5c: 互补性伙伴匹配正向调节使命动机与资源投入的正向相关关系
13		假设 5d: 一致性伙伴匹配正向调节资助动机与资源投入的正向相关关系
14		假设 5e: 一致性伙伴匹配正向调节学习动机与资源投入的正向相关关系
15		假设 5f: 一致性伙伴匹配负向调节使命动机与资源投入的正向相关关系
16	H6 资源投入、伙伴匹配与学术绩效的后半路径调节效应	假设 6a: 互补性伙伴匹配正向调节资源投入与学术绩效的倒"U"型关系
17		假设 6b: 一致性伙伴匹配正向调节资源投入与学术绩效的倒"U"型关系

第三节　问卷设计和小样本测试

本研究的问卷是基于国内外的成熟量表设计的，但考虑到一些测度是基于国外情境，可能存在不适用中国情境的条目，因此在形成正式问卷之前，本研究通过小样本预测试的方法对问卷进行检验，从而保证大样本问卷量表的合理性。通过对笔者所在学校的工科学院，机械、材料、化工、计算机、电信和电力等学院的老师进行约谈或上门当面填写问卷的方式，一共获得62份问卷，最终形成了55份有效问卷，有效问卷回收率为88.71%。

一、小样本预测试方法

小样本的预测试分析主要有两个方面，分别是信度和效度分析，因此，本书通过信度分析和效度分析来进行预测试分析。

（一）信度分析

信度即可靠性，指采用同样的方法对同一对象重复测量时所得结果的一致性程度。本研究主要采用内部一致性系数来检验，通常有两个指标，其一是 Cronbach's α 系数，其二是校正的项总计相关性（CITC），一般认为 Cronbach's α 系数大于0.70是可以接受的范围，后者则大于最低限度0.35即可。

（二）效度分析

效度即有效性，指测量工具能够准确测出所需事物的程度。本研究采用结构效度来检验，通常使用探索性因子分析的方法。在进行探索性因子分析之前，需要对数据进行 KMO 测度和 Bartlett 检验以判断是否可以展开探索性因子分析，KMO 的值一般认为在 0.7 以上适合，而 Bartlett 的 Sig.值要小于给定的显著性水平则适合进行探索性因子分析（马庆国，2002）。对于因子分析得到的因子载荷值越大越好，一般要大于 0.50，否则需要删除。除此之外，需要按累计解释方差比例达到 50% 的原则抽取因子（吴明隆，2010）。

二、小样本预测试结果

（一）合作动机的信度分析和效度分析

本研究将产学研合作动机划分为资助动机、学习动机和使命动机三个维度。分别对合作动机的信度和效度进行分析，研究结果如表 6-2 和表 6-3 所示。从信度检验结果看来，各个题项的初始 CICT 系数均大于0.35，Cronbach's α 系数大于 0.70。

表 6-2　　合作动机的信度检验结果（N=55 个）

维度	题项	均值	标准差	CICT		项已删除的 Cronbach's α 系数		Cronbach's α 系数
				初始	最终	初始	最终	
资助动机	M1	4.47	1.412	0.857	—	0.816	—	0.899
	M2	4.33	1.203	0.790	—	0.864	—	
	M3	4.45	1.086	0.786	—	0.877	—	
学习动机	M4	5.33	1.019	0.739	—	0.919	—	0.924
	M5	5.04	1.232	0.865	—	0.894	—	
	M6	5.15	1.253	0.854	—	0.896	—	
	M7	5.05	1.113	0.844	—	0.899	—	
	M8	5.02	1.284	0.727	—	0.923	—	

续表

维度	题项	均值	标准差	CICT		项已删除的Cronbach's α 系数		Cronbach's α 系数
				初始	最终	初始	最终	
使命动机	M9	5.64	0.778	0.602	0.583	0.805	0.893	0.830 0.842
	M10	6.13	0.795	0.727	0.802	0.773	0.717	
	M11	6.13	0.840	0.664	0.757	0.788	0.738	
	M12	5.76	0.999	0.678	删除	0.782	—	
	M13	5.42	1.100	0.534	删除	0.834	—	

从探索性因子检验的结果看来，当把 13 个题项都加入时，M13 的载荷为 0.456，小于 0.50 的标准，因此将 M13 删掉，此时解释的总方差是 74.013%。当删掉 M13 后，M12 的载荷为 0.402，小于 0.50 的标准，因此将 M12 删掉，此时解释的总方差是 77.202%。当删掉 M12 后，此时所有因子的载荷均大于 0.50，此时解释的总方差是 79.892%，KMO 的值为 0.758，大于 0.70 的判断标准，Bartlett 的检验近似卡方值为 145.038，显著性概率为 0，说明此时的产学研合作动机量表可以进行探索性因子分析。由于从效度分析中，需要删掉 M12 和 M13，因此，对该维度下的信度进行再次检验，结果显示使命动机的其他三个题项的 CICT 均大于 0.35，Cronbach's α 系数大于 0.70。

因此，经过信度和探索性因子分析之后，形成了产学研合作动机三个维度下的 11 个测度题项，使命动机由最初的 5 个测度题项减少至最终的 3 个题项。

表6-3　　　　　合作动机的探索性因子分析结果（N = 55 个）

题项	因子1	因子2	因子3
M1	-0.273	0.890	-0.108
M2	-0.332	0.832	0.007

续表

题项	因子1	因子2	因子3
M3	−0.287	0.858	−0.100
M4	0.774	0.202	−0.249
M5	0.869	0.259	−0.198
M6	0.853	0.235	−0.265
M7	0.875	0.080	−0.191
M8	0.843	−0.063	−0.071
M9	0.165	0.049	0.797
M10	0.373	0.148	0.829
M11	0.421	0.249	0.763
KMO 值	0.758		
Bartlett 的检验近似卡方值	145.038		
df	55		
Sig.	0.000		
解释的方差比例（%）	37.895	22.553	19.445

（二）合作行为的信度分析和效度分析

本研究将合作行为划分为资源投入和伙伴匹配两个维度，分别对其信度和探索性因子进行分析，研究结果如表6-4和表6-5所示。从信度检验结果来看，资源投入的4个题项的 CICT 值均大于0.35，Cronbach's α 系数大于0.70，伙伴匹配的6个题项的 CICT 值均大于最小阈值0.35，Cronbach's α 系数大于0.70。研究数据结果显示合作行为在资源投入和伙伴匹配维度下的题项具有较高的内部一致性，符合研究的信度要求。

表6－4　　　　　　　　　合作行为的信度检验结果（N＝55 个）

维度	题项	均值	标准差	CICT	项已删除的 Cronbach's α 系数	Cronbach's α 系数
资源投入	R1	5.00	1.401	0.938	0.951	0.966
	R2	4.67	1.248	0.937	0.950	
	R3	5.33	1.171	0.859	0.972	
	R4	4.73	1.239	0.943	0.948	
伙伴匹配	CM1	4.82	1.172	0.569	0.769	0.802
	CM2	4.13	0.982	0.640	0.760	
	CM3	4.56	1.198	0.595	0.763	
	CM4	4.56	1.316	0.528	0.778	
	CM5	3.78	1.423	0.494	0.789	
	CM6	3.85	1.380	0.573	0.768	

　　从探索性因子的分析结果来看，KMO 值为 0.781，大于 0.70 的标准阈值，Bartlett 的检验近似卡方值为 65.111，显著性 Sig. 为 0.000，说明合作行为的量表适合进行探索性因子分析。通过对 10 个题项进行因子提取，最终获得 2 个特征值大于 1 的因子，2 个因子的解释的方差比例分别是 38.349% 和 30.132%，累计的解释的方差比例是 68.481%，大于 50%，在可以接受的范围内。通过最大方差法进行因子旋转，载荷均超过 0.50。因此，合作行为量表的 2 个因子分别代表资源投入和伙伴匹配，检验结果符合本研究的理论分类。

表6－5　　　　　　　合作行为的探索性因子分析结果（N＝55 个）

题项	因子1	因子2
R1	0.883	－0.393
R2	0.887	－0.369

题项	因子1	因子2
R3	0.856	-0.310
R4	0.890	-0.374
CM1	0.387	0.623
CM2	0.393	0.683
CM3	0.334	0.547
CM4	0.235	0.621
CM5	0.254	0.665
CM6	0.207	0.711
KMO 值	0.781	
Bartlett 的检验近似卡方值	65.111	
df	45	
Sig.	0.000	
解释的方差比例（%）	38.349	30.132

　　本研究将伙伴匹配进一步划分为互补性伙伴匹配和一致性伙伴匹配，因此对伙伴匹配进一步进行探索性因子分析，研究结果如表6-6所示。从探索性因子的分析结果来看，KMO 值为0.740，大于0.70 的标准阈值，Bartlett 的检验近似卡方值为42.019，显著性 Sig. 为0.000，说明伙伴匹配的量表适合进行探索性因子分析。通过对6个题项进行因子提取，最终获得2个特征值大于1的因子，2个因子的解释的方差比例分别是51.962%和26.612%，累计的解释的方差比例是78.574%，大于50%，在可以接受的范围内。通过最大方差法进行因子旋转，载荷均超过0.50。因此，合作行为量表的2个因子分别代表互补性伙伴匹配和一致性伙伴匹配，检验结果符合本研究的理论分类。

表6－6　　　　　　　　伙伴匹配的探索性因子分析结果（N＝55个）

题项	因子1	因子2
CM1	0.797	－0.386
CM2	0.823	－0.348
CM3	0.817	－0.367
CM4	0.391	0.684
CM5	0.388	0.578
CM6	0.365	0.569
KMO值	0.740	
Bartlett的检验近似卡方值	42.019	
df	15	
Sig.	0.000	
解释的方差比例（％）	51.962	26.612

（三）学术绩效的信度分析

本研究通过2个题项测度学术绩效，由于只有2个题项的测度，所以项已删除的Cronbach's α系数无法计算，而且不适合进行因子分析，因此，只进行了信度检验分析，具体结果如表6－7所示。研究结果显示CICT数据大于0.35，Cronbach's α系数为0.931，大于标准值0.70。

表6－7　　　　　　　　学术绩效的信度检验结果（N＝55个）

维度	题项	均值	标准差	CICT	项已删除的Cronbach's α系数	Cronbach's α系数
学术绩效	P1	5.00	1.401	0.898	—	0.931
	P2	4.67	1.248	0.898		

通过对核心变量的小样本进行预测试检验，结合检验结果，删除了一些不符合统计要求的题项，得到了本研究最终的调查问卷，为后续的大样本统计研究的量表质量提供了保障。除了上述的核心变量之外，本研究还涉及其他控制变量，由于控制变量均是客观数据，因此无须进行预测试。

第四节　数据收集与描述性统计分析

一、数据收集与样本描述

为了保证研究的质量和信度，本研究在调查问卷的样本选择、调查区域，以及问卷发放和收集等方面进行层层把关。

（一）样本选择方面

根据本研究的问题需求，在样本选择方面，主要是基于以下考虑：第一，样本是高校科研团队的学者，即学者必须有科研团队，科研团队的人数在两人及以上，没有科研团队的学者在问卷中依据"您所在的科研团队（或课题组）大小是"这一题目进行筛选；第二，样本是必须参与产学研合作的学者，在问卷的题头清楚表达是调研产学研合作情况，同时在问卷的第一部分描述产学研合作的基本情况，在醒目位置设置提示有助于保证问卷的填写者均是参与过产学研合作的学者；第三，样本是工科领域的高校科研团队学者，已有研究发现工程领域的学者产学研合作频繁而且更多的是知识密集型的创新（Perkmann et al.，2011；Banal - Estañol et al.，2015；Callaert et al.，2015），因此本研究选择了工科领域下的材料科学与工程、机械工程、化学工程与技术、电气工程、电子科学与技术、计算机科学与技术、控制科学与工程、环境科学与工程、交叉学科、其他等学科的高校学者作为本研究的调查对象。

（二）调查区域方面

考虑到不同地区高校发展水平和产学研发展情况存在显著差异，因此，为了消除区域因素带来的系统性偏差，本研究选择了华东（江苏、山东、安徽、浙江、福建、上海）、华南（广东）、西南（四川、重庆）、华北（北京、天津）、东北（辽宁、吉林）、华中（湖北、湖南）和西北地区（陕西）的高校作为发放的区域。

（三）问卷发放和收集方面

为了提高问卷的准确性和有效性，本研究主要通过两种渠道进行问卷发放和收集，第一，在华南地区的高校学者是通过访谈或登门拜访高校学者当面填写，主要是以纸质版的形式，这种面对面填写的方式有助于增强问卷的有效性和完整性；第二，在非华南地区的高校学者是通过邮箱和短信的方式，邮箱则借助问卷星平台设定红包的方式，依据各学校官网的联系方式进行发放，这种定向发放的方式有助于依据客观信息来判断问卷的真实性，有助于提高问卷的质量。

基于上述三个方面的考虑和设计，在 2018 年 12 月至 2019 年 1 月，历时 2 个月，共发放问卷 800 份，由于部分受到网络恶意刷红包的干扰，最终剔除这些无效问卷，一共有效回收问卷 399 份，总体问卷回收率为 49.88%。通过对每一份问卷进行细致的检查，对于整份问卷中填写答案高度一致的则进行了剔除，最终得到问卷 360 份，总体回收率为 45.00%。

二、数据描述性统计分析

本研究从样本高校科研团队学者的特征分布和产学研合作的相关情况特征进行描述性统计，具体结果如下所述。

（一）样本高校科研团队学者的特征分布

分别从三个层面对样本高校科研团队学者的特征展开描述性统计，具体结果如表6-8所示。描述性统计结果显示，在组织层面上，学者所在的学校中，有60.6%的是双一流大学和具有双一流学科的大学；学科上，排名前三的是材料科学与工程、机械工程和化学工程与技术，分别占比24.2%、20.6%和17.8%；区域上，华东地区的高校居多，其次是华南地区。在团队层面上，从团队规模来看，68.9%的学者所在的团队处于10~50人区间，属于中等规模的团队；从团队年龄看，25.3%的学者所在的科研团队成立时间在10~15年，其次是15~20年，最后是20年以上；从实体机构来看，78.1%的学者表示其所在的团队有依托所在高校建立的实体机构（如实验室、工程中心等）；从企业人员来看，有14.7%的学者所在科研团队中有来自企业的人员。在个人层面上，从年龄来看，39.2%的受访对象在40~50岁；从性别来看，86.1%的是男性，这与工科存在一定的关系，在工科领域男性学者较多；从职称来看，49.2%的学者是高级职称，即教授或研究员；从政府资助来看，83.3%的学者拥有国家级项目，表明大多数受访者个人在学术研究上有一定的水平；从科研团队角色来看，46.9%的学者在团队中担任团队带头人的角色；从企业经验来看，34.7%的学者表示在企业工作过或者担任过相关职务。基于以上的描述性统计结果显示，样本的选择具有一定的代表性和覆盖性。

表 6-8　　　　　　　　　　　样本高校科研团队学者的特征分布

项目	分类	样本量(个)	百分比(%)	项目	分类	样本量(个)	百分比(%)	项目	分类	样本量(个)	百分比(%)
大学质量	双一流大学和具有双一流学科的大学	218	60.6	团队规模	10人及以下	77	21.4	年龄	30岁以下	12	3.3
	其他大学	142	39.4		10~50人	248	68.9		30~40岁	117	32.5
学科	材料科学与工程	87	24.2		50人以上	35	9.7		40~50岁	141	39.2
	机械工程	74	20.6	团队年龄	5年及以下	43	12		50~60岁	83	23.1
	化学工程与技术	64	17.8		5~10年	66	18.3		60岁以上	7	1.9
	电气工程	25	6.9		10~15年	91	25.3	性别	男	310	86.1
	电子科学与技术	24	6.7		15~20年	81	22.5		女	50	13.9
	计算机科学与技术	23	6.4		20年以上	79	21.9	职称	高级	177	49.2
	控制科学与工程	16	4.4	实体机构	是	281	78.1		中级	154	42.8
	环境科学与工程	12	3.3		否	79	21.9		初级	29	8.0
	交叉学科	12	3.3	企业人员	是	53	14.7	政府资助	是	300	83.3
	其他	23	6.4		否	307	85.3		否	60	16.7
区域	华东	110	30.5	—	—	—	—	团队角色	团队带头人	169	46.9
	华南	60	16.7						核心成员	166	46.1
	华北	58	16.1						一般成员	25	6.9
	西南	58	16.1					企业经验	是	125	34.7
	东北	40	11.1						否	235	65.3
	华中	24	6.7					—	—	—	
	西北	10	2.8								

（二）样本高校科研团队学者开展产学研合作的情况分析

样本高校科研团队学者产学研合作情况主要从与企业第一次合作距今的年数、合作过的企业数、其中服务年数在 5 年及以上的企业数、合作的企业类型、与企业互动的形式五个方面展开，具体的情况如表 6 - 9 所示。研究结果显示，78.89% 的学者第一次与企业合作距今（调查时间年度是2018 年度）在 5 年以上，55% 的学者表明合作过的企业数在 5 家及以下，45% 的学者合作过的企业数超过 5 家，其中 38.89% 的学者表明没有服务

表 6 - 9   样本高校科研团队学者产学研合作情况

项目	分类	样本量（个）	百分比（%）	项目	分类	样本量（个）	百分比（%）
与企业第一次合作距今的年数	5 年及以下	76	21.11	互动形式	委托技术开发	287	79.72
	5~10 年	89	24.72		合作研发	286	79.44
	10~15 年	68	18.89		技术服务或专题报告等咨询	155	43.06
	15~20 年	54	15.00		专利或技术转让	79	21.94
	20 年以上	73	20.28		技术或专利许可	46	12.78
合作过的企业数	5 家及以下	198	55.00		拥有或管理校办企业	6	1.67
	5~10 家	102	28.33		学生实习或就业等人员往来	97	26.94
	10 家以上	60	16.67		合作发表	58	16.11
其中服务年数在 5 年及以上的企业数	0	140	38.89		专家培训	50	13.89
	1~5 家	204	56.67		提供特别意见和建议	43	11.94
	5 家以上	16	4.44		参加企业资助的会议	19	5.28
合作的企业类型	大型企业	213	59.17		—		
	中型企业	248	68.89				
	小微企业	200	55.56				

年数在 5 年及以上的企业，56.67% 的学者表明有 1 ~ 5 家，在 5 家企业数以上的有 4.44% 的学者。在与企业互动的形式上，分别从正式形式和非正式形式上列举了 11 种，其中正式形式包含：合作研发、委托技术开发、技术服务或专题报告等咨询、专利或技术转让、技术或专利许可、拥有或管理校办企业，非正式形式包含：学生实习或就业等人员往来、合作发表、专家培训、提供特别意见和建议、参加企业资助的会议，样本学者数据显示排名前三位的是正式形式的委托技术开发、合作研发、技术服务或专题报告等咨询，而非正式形式主要是以学生为载体开展的合作。

三、数据正态性检验

数据正态性检验是为后续的结构方程模型中使用 ML（最大似然估计）法来进行参数估计而进行的检验，通常使用的检验指标是偏度和峰度系数，依据克莱恩（Kline，1998）的标准，测度题项的偏度绝对值 < 3，峰度绝对值 < 10，则认为数据基本符合正态分布。因此，基于 SPSS 20 软件，计算本研究中涉及的 23 个测度题项进行偏度和峰度计算，其结果如表 6 – 10 所示。研究结果显示，所有测度题项的偏度和峰度结果符合标准，因此可以判定本研究的样本数据服从正态分布。

表 6 – 10　　　　　样本数据的正态性检验结果（N = 360 个）

题项	均值		标准差	方差	偏度		峰度	
	统计量	标准误	统计量	统计量	统计量	标准误	统计量	标准误
M1	5.41	0.071	1.342	1.802	− 0.847	0.129	0.186	0.256
M2	4.69	0.087	1.644	2.703	− 0.724	0.129	− 0.391	0.256
M3	5.47	0.072	1.364	1.860	− 1.090	0.129	0.824	0.256
M4	5.71	0.048	0.908	0.824	− 1.485	0.129	4.346	0.256
M5	5.72	0.055	1.043	1.088	− 1.165	0.129	2.348	0.256

续表

题项	均值		标准差	方差	偏度		峰度	
	统计量	标准误	统计量	统计量	统计量	标准误	统计量	标准误
M6	5. 47	0. 059	1. 112	1. 236	− 0. 878	0. 129	1. 235	0. 256
M7	5. 65	0. 060	1. 137	1. 292	− 1. 067	0. 129	1. 335	0. 256
M8	5. 33	0. 064	1. 219	1. 487	− 0. 691	0. 129	0. 290	0. 256
M9	5. 97	0. 048	0. 920	0. 846	− 1. 987	0. 129	7. 717	0. 256
M10	5. 78	0. 056	1. 068	1. 141	− 1. 442	0. 129	3. 624	0. 256
M11	5. 98	0. 047	0. 886	0. 785	− 2. 107	0. 129	8. 588	0. 256
R1	5. 29	0. 050	0. 942	0. 888	− 0. 819	0. 129	0. 904	0. 256
R2	4. 65	0. 051	0. 962	0. 925	− 0. 622	0. 129	0. 628	0. 256
R3	5. 27	0. 046	0. 867	0. 751	− 0. 435	0. 129	− 0. 098	0. 256
R4	4. 57	0. 047	0. 890	0. 792	− 0. 417	0. 129	0. 788	0. 256
CM1	4. 68	0. 064	1. 210	1. 465	− 0. 131	0. 129	− 0. 152	0. 256
CM2	4. 17	0. 066	1. 254	1. 573	0. 205	0. 129	− 0. 447	0. 256
CM3	4. 57	0. 062	1. 175	1. 382	− 0. 450	0. 129	0. 145	0. 256
CM4	4. 65	0. 049	0. 930	0. 864	− 0. 205	0. 129	0. 566	0. 256
CM5	3. 47	0. 058	1. 092	1. 191	0. 556	0. 129	− 0. 044	0. 256
CM6	3. 61	0. 059	1. 114	1. 242	0. 539	0. 129	0. 119	0. 256
P1	4. 20	0. 079	1. 500	2. 250	− 0. 275	0. 129	− 0. 605	0. 256
P2	4. 07	0. 079	1. 504	2. 263	− 0. 144	0. 129	− 0. 583	0. 256

四、共同方法偏差检验

共同方法偏差是一种系统误差，是指因为存在同样性，同样的数据来源或评分者、同样的测量环境等所造成的人为的共变，通常通过程序控制和统计控制的方法进行控制，前者是指通过在研究设计与测量的过程中保护调查者的匿名性，减少对测量的猜度，后者是通过 Harman 单因素进行统计上检验（Podsakoff et al. ，2003；周浩和龙立荣，2004）。因此，在本研究中通过匿名填写的方式来降低共同方法偏差,再通过 Harman 单因素检验的方法来检验测量中是否存在共同方法变异。通过对本研究的所有测度题项进行探索性因子分析,最终获得 6 个初始特征值大于 1 的因子,累计解释的总方差为 72.85%,其中最大的因子方差解释率为 25.73%,该因子的方差解释率占累计总方差比例为 35.32%,小于 50% 的临界水平,不存在单独的一个因子能解释大部分的变量变异,因此可以认为不存在严重的共同方法偏差。

第五节 数据信度和效度分析

信度是检验样本测度的可靠性问题,效度检验是样本测量的有效性问题,通常被用于调查问卷中。因此,本研究分别基于 SPSS 20 软件和 Mplus 7.4 软件完成信度和效度检验。

一、信度分析

基于第五章中的信度检验方法,即 CITC 系数和 Cronbach's α 系数,本研究对大样本数据进行信度分析,其中,CITC 系数大于 0.35,同时 Cronbach's α 系数大于 0.7 即为可接受的范围值。

(一) 合作动机的信度分析

本研究分别对合作动机中资助动机的 3 个题项、学习动机的 5 个题项和使命动机的 3 个题项进行大样本信度检验,研究结果如表 6 - 11 所示。研究结果表明,资助维度下量表题项的整体 Cronbach's α 系数为 0.890,学习动机维度下量表题项的整体 Cronbach's α 系数为 0.879,使命动机维度下量表题项的整体 Cronbach's α 系数为 0.829,均大于 0.70,而在各个维度下题项的 CICT 系数均大于 0.35，项已删除的 Cronbach's α 系数均大于 0.70，表明合作动机量表的信度结果符合标准信度指标。

表 6 – 11 　　　　合作动机的信度检验结果（N = 360 个）

维度	题项	均值	标准差	CICT	项已删除的 Cronbach's α 系数	Cronbach's α 系数
资助动机	M1	5.41	1.342	0.807	0.830	0.890
	M2	4.69	1.644	0.799	0.845	
	M3	5.47	1.364	0.773	0.856	
学习动机	M4	5.71	0.908	0.737	0.851	0.879
	M5	5.72	1.043	0.777	0.838	
	M6	5.47	1.112	0.732	0.848	
	M7	5.65	1.137	0.707	0.854	
	M8	5.33	1.219	0.636	0.875	
使命动机	M9	5.97	0.920	0.734	0.719	0.829
	M10	5.78	1.068	0.694	0.766	
	M11	5.98	0.886	0.649	0.801	

（二）合作行为的信度分析

本研究分别对合作行为的资源投入的 4 个题项和伙伴匹配的 6 个题项进行大样本信度检验，研究结果如表 6 – 12 所示。研究结果表明，资源投入维度下量表题项的整体 Cronbach's α 系数为 0.921，伙伴匹配维度下量表题项的整体 Cronbach's α 系数为 0.758，均大于 0.70，而在各个维度下的题项的 CICT 系数均大于 0.35，项已删除的 Cronbach's α 系数均大于 0.70，表明合作行为量表的信度结果符合标准信度指标。

表 6 – 12　　　　　　　　　合作行为的信度检验结果（N = 360 个）

维度	题项	均值	标准差	CICT	项已删除的 Cronbach's α 系数	Cronbach's α 系数
资源投入	R1	5.29	0.942	0.797	0.904	0.921
	R2	4.65	0.962	0.871	0.878	
	R3	5.27	0.867	0.766	0.913	
	R4	4.57	0.890	0.837	0.890	
伙伴匹配	CM1	4.68	1.210	0.524	0.776	0.758
	CM2	4.17	1.254	0.634	0.767	
	CM3	4.57	1.175	0.548	0.773	
	CM4	4.65	0.930	0.510	0.743	
	CM5	3.47	1.092	0.531	0.744	
	CM6	3.61	0.942	0.573	0.754	

（三）学术绩效的信度分析

本研究对学术绩效的 2 个题项进行大样本信度检验，研究结果如表 6 – 13 所示。由于只有 2 个题项的测度，所以项已删除的 Cronbach's α 系数无法计算。研究结果显示 CICT 数据大于 0.50，Cronbach's α 系数为 0.937，大于标准值 0.70。

表 6 – 13　　　　　　　　　学术绩效的信度检验结果（N = 360 个）

维度	题项	均值	标准差	CICT	项已删除的 Cronbach's α 系数	Cronbach's α 系数
学术绩效	P1	4.20	1.500	0.882	—	0.937
	P2	4.07	1.504	0.882		

二、效度分析

效度分析的主要内容包含内容效度和结构效度，其中结构效度又分为聚合效度和区分效度，因此，本研究分别从内容效度、聚合效度和区分效度三个方面来对大样本数据进行分析，具体内容如下所示。

（一）内容效度分析

内容效度是问卷测量内容的适当性和相符性，目前主要通过定性的方法来评估和判断。因此在问卷的设计过程中，遵从理论和实践相结合的方法，理论上采用文献研究，实践上采用实地访谈和本研究领域专家的意见，因此在一定程度上保证了问卷内容的有效性。

（二）聚合效度分析

聚合效度是指不同题项测度同一特征结果的相似程度，相似程度越高则聚合效度越高，通常用验证性因子分析的方法进行聚合效度检验。评价聚合效度的指标通常有：标准化因子载荷、组合信度（CR）和平均萃取变异量（AVE），其中标准化因子载荷的标准是大于 0.5 且达到显著性水平，标准化因子载荷除以标准差的数值越大显示越显著，一般大于 1.96，CR 的值需要大于 0.7，AVE 的值需要大于 0.5，则表明该潜变量的题项测度满足聚合效度的基本要求（吴明隆，2010）。

除此之外，用来衡量模型的拟合优度指标依据胡和本特勒（Hu & Bentler，1999）提出的指数准则，主要的指数有 NFI、TLI（即 NNFI）、IFI、CFI、SRMR 和 RMSEA 等，其中 NFI、TLI、IFI 和 CFI 指数值需大于 0.90，越接近 1 越好，SRMR 和 RMSEA 指数需要小于 0.08，越小越好（Hu & Bentler，1999；温忠麟等，2004）。由于 Mplus 软件的原因，无法报告 NFI，因此选择另外 4 个指标进行模型拟合度的评价。本研究分别对合作动机、合作行为和学术绩效进行验证性因子分析，分析结果如下所示。

1. 合作动机

本研究中的产学研合作动机是由资助动机、学习动机和使命动机三个维度构成，不同维度分别有不同的测度题项，不同维度下的测量模型验证性因子分析结果如表 6 – 14 所示。模型拟合指数结果显示，RMSEA = 0.075，SRMR = 0.068，均小于 0.08，CFI = 0.915，TLI = 0.905，均大于 0.90，各项指标均达到标准，表明合作动机的策略模型拟合效果比较理想。聚合效度的指标结果显示，资助动机、学习动机和使命动机三个潜变量的所有测度题项的标准化因子载荷在 0.657 ~ 0.878，均大于 0.50，标准化因子载荷除以标准差的数值均大于 1.96，CR 的值均大于 0.7，AVE 的值均大于 0.5，表明产学研合作动机三个维度量表均具有良好的聚合效度。

表 6 – 14　　　合作动机的验证性因子分析结果（N = 360 个）

因子	题项	标准化因子载荷	S. E.	Est. /S. E.	P 值	R – SQUARE	CR	AVE
资助动机	M1	0.878	0.018	47.710	0.000	0.771	0.895	0.740
	M2	0.865	0.019	45.492	0.000	0.748		
	M3	0.837	0.021	39.946	0.000	0.701		
学习动机	M4	0.780	0.026	30.213	0.000	0.608	0.885	0.608
	M5	0.877	0.020	44.469	0.000	0.769		
	M6	0.837	0.022	37.406	0.000	0.700		
	M7	0.729	0.030	24.296	0.000	0.531		
	M8	0.657	0.035	18.809	0.000	0.431		
使命动机	M9	0.842	0.025	33.326	0.000	0.708	0.834	0.628
	M10	0.805	0.027	29.727	0.000	0.648		
	M11	0.725	0.031	23.316	0.000	0.525		

测量模型适配度指标：$\chi^2 = 116.598$，df = 41，RMSEA = 0.075，SRMR = 0.068，CFI = 0.915，TLI = 0.905

2. 合作行为

本研究中的产学研合作行为是由资源投入和伙伴匹配两个维度构成，而伙伴匹配又进一步划分成互补性伙伴匹配和一致性伙伴匹配两个维度，不同维度分别有不同的测度题项，不同维度下的测量模型验证性因子分析结果如表 6－15 所示。模型拟合指数结果显示，RMSEA ＝ 0.037，SRMR ＝ 0.030，CFI ＝ 0.991，TLI ＝ 0.987，均大于 0.90，各项指标均达到标准，表明合作动机的测量模型拟合效果比较理想。聚合效度的指标结果显示，资源投入、互补性伙伴匹配和一致性伙伴匹配三个潜变量的所有测度题项的标准化因子载荷在 0.669 ~ 0.928，均大于 0.50，标准化因子载荷除以标准差的数值均大于 1.96，CR 的值均大于 0.7，AVE 的值均大于 0.5，表明产学研合作行为各个维度的量表均具有良好的聚合效度。

表 6－15　　　　合作行为的验证性因子分析结果（N ＝ 360 个）

因子	题项	标准化因子载荷	S. E.	Est. /S. E.	P 值	R－SQUARE	CR	AVE
资源投入	R1	0.852	0.017	50.020	0.000	0.726	0.922	0.747
	R2	0.928	0.012	77.898	0.000	0.861		
	R3	0.801	0.022	37.139	0.000	0.641		
	R4	0.871	0.016	53.920	0.000	0.759		
互补性伙伴匹配	CM1	0.746	0.022	33.921	0.000	0.576	0.762	0.516
	CM2	0.669	0.017	39..282	0.000	0.548		
	CM3	0.738	0.022	33.554	0.000	0.562		
一致性伙伴匹配	CM4	0.778	0.028	28.028	0.000	0.605	0.854	0.662
	CM5	0.895	0.023	38.963	0.000	0.802		
	CM6	0.762	0.028	27.168	0.000	0.580		

测量模型适配度指标：χ^2 ＝ 47.780，df ＝ 32，RMSEA ＝ 0.037，SRMR ＝ 0.030，CFI ＝ 0.991，TLI ＝ 0.987

3. 学术绩效

在本研究中学术绩效是通过 2 个题项进行测度的，只有一个因子，因此不适合进行验证性因子分析，但由于后期需要分析区分效度，因此标准化因子载荷结果和 CR、AVE 的结果如表 6 – 16 所示。研究结果显示，标准化因子载荷数均大于 0.50，CR 值大于 0.7，AVE 的值大于 0.5，表明学术绩效的两个测度具有良好的聚合效度。

表 6 – 16　　　　学术绩效的验证性因子分析结果（N = 360 个）

因子	题项	标准化因子载荷	S. E.	Est. /S. E.	P 值	R – SQUARE	CR	AVE
学术绩效	P1	0.899	—	—	—	0.809	0.939	0.885
	P2	0.981	—	—	—	0.961		
测量模型适配度指标：—								

（三）区分效度分析

区分效度是指不同维度的测度题项之间的相关性，相关性越低，则区分效度越大，一般通过构念的平均萃取变异量（AVE）的平方根与其他相关构面的相关系数进行比较，前者大于后者，则表明有较好的区分效度（Fornell & Larcker，1981）。在本研究中，主要的构念维度有资助动机、学习动机、使命动机、资源投入、互补性伙伴匹配、一致性伙伴匹配和学术绩效 7 个，通过 Mplus 7.4 软件将结果设置为"TECH4"即可获得这 7 个维度的 Pearson 相关矩阵系数，以及 7 个构念维度的 AVE 开根号值的结果（见表 6 – 17）。研究结果显示，7 个构念维度的 AVE 开根号值（对角线上括号内的粗体字）均大于其所在行和所在列的数值，表明本研究的所有构念维度具有良好的区分效度。

表 6 – 17　　　　　测量模型的区分效度分析结果（N = 360 个）

维度	资助动机	学习动机	使命动机	资源投入	互补性伙伴匹配	一致性伙伴匹配	学术绩效
资助动机	**(0.860)**						
学习动机	0.148**	**(0.780)**					
使命动机	0.110*	0.484***	**(0.792)**				
资源投入	0.162***	0.293***	0.240	**(0.864)**			
互补性伙伴匹配	0.116	0.413***	0.348	0.288***	**(0.718)**		
一致性伙伴匹配	– 0.050	0.066	0.014	0.263***	0.223***	**(0.813)**	
学术绩效	– 0.004	0.381***	0.126	0.214**	0.476***	0.143**	**(0.941)**

注：（1）对角线括号内的粗体字为 AVE 开根号值，下三角为维度之皮尔森相关系数。
（2）*表示显著性水平为 10%，**表示显著性水平为 5%，***表示显著性水平为 1%。

第六节　回归分析

一、层次回归分析

本研究通过层次回归的分析方法和稳健极大似然估计（MLR）的估计方法，分别探究控制变量、自变量、中介变量和调节变量等对学术绩效的影响作用，以及控制变量、自变量和调节变量对资源投入的影响作用，一共形成了 7 个模型，具体的研究结果如表 6 – 18 所示。

表 6 – 18　　　　　　　　层次回归分析结果

因变量	学术绩效				资源投入		
	模型 1	模型 2	模型 3	模型 4	模型 5	模型 6	模型 7
控制变量							
大学质量	– 0.066	0.008	0.014	0.010	– 0.074	– 0.047	– 0.026
学科	0.052	0.038	0.051	0.014	– 0.110**	– 0.101*	– 0.129**

续表

因变量	学术绩效				资源投入		
	模型 1	模型 2	模型 3	模型 4	模型 5	模型 6	模型 7
控制变量							
区域	0.120	0.118 **	0.102 **	0.042	0.138 ***	0.130 ***	0.104 **
团队规模	0.068	0.035	0.027	−0.013	0.099 *	0.075	0.065
团队年龄	−0.001	−0.037	−0.044	−0.026	0.086	0.055	0.047
实体机构	−0.001	−0.021	−0.016	−0.015	0.020	−0.023	−0.016
企业成员	0.045	0.029	0.020	0.013	0.090 *	0.068	0.069 *
年龄	−0.065	−0.015	−0.025	0.005	0.033	0.085	0.087
性别	0.073	0.061	0.053	0.031	0.025	0.062	0.030
职称	0.148 **	0.116	0.114	0.107 *	0.001	0.001	0.001
政府资助	−0.195 ***	−0.184 ***	−0.192 ***	−0.144 ***	0.040	0.047	0.056
团队角色	0.108	0.070	0.061	0.031	0.110 *	0.069	0.049
企业经验	−0.029	−0.038	−0.048	−0.051	0.077	0.059	0.048
自变量							
资助动机		−0.026 **	−0.047 **	−0.083 **		0.153 **	0.150 **
学习动机		0.449 ***	0.421 ***	0.222 ***		0.195 **	0.146 *
使命动机		−0.139	−0.147	−0.271 ***		0.081	0.060
中介变量							
资源投入			0.120 **	0.006			
资源投入的平方项			−0.017 *	−0.016			
调节变量							
互补性伙伴匹配				0.785 ***			0.128
一致性伙伴匹配				−0.058			0.228 ***
模型拟合指标							
R^2	0.080	0.204	0.216	0.672	0.083	0.166	0.236
Est./S.E	2.695	4.508	5.005	7.893	2.953	3.776	5.062
P 值	0.007	0.000	0.000	0.000	0.003	0.000	0.000

续表

因变量	学术绩效				资源投入		
	模型1	模型2	模型3	模型4	模型5	模型6	模型7
模型拟合指标							
RMSEA	0.015	0.055	—	—	0.038	0.052	0.040
CFI	0.998	0.913	—	—	0.982	0.922	0.936
TLI	0.995	0.900	—	—	0.974	0.912	0.929
SRMR	0.009	0.058	—	—	0.014	0.055	0.052

注：＊表示显著性水平为10%，＊＊表示显著性水平为5%，＊＊＊表示显著性水平为1%，表格中的系数为标准化的路径系数。

模型1~4是因变量为学术绩效的回归分析结果，其中模型1是控制变量的影响作用，模型2是加入了自变量的影响作用，模型3是加入了中介变量及其平方项的影响作用，模型4是加入了调节变量的影响作用。研究结果显示，在模型1中，控制变量中的职称（beta = 0.148，p < 0.05）、政府资助（beta = −0.195，p < 0.01）对学术绩效的影响显著，此时模型拟合指标显示模型适配度良好；在模型2中，加入自变量合作动机的三个维度之后，资助动机（beta = −0.026，p < 0.05）对学术绩效的负向影响作用显著，学习动机（beta = 0.449，p < 0.01）对学术绩效的正向影响作用显著，此时模型拟合指标 R^2 得到显著提高，模型适配度良好；在模型3中，加入中介变量及其平方项之后，资源投入（beta = 0.120，p < 0.05）对学术绩效的正向影响作用显著，资源投入的平方项 beta 系数为 −0.017，而且显著性得到通过，因此资源投入与学术绩效之间存在倒"U"型的关系，此时由于存在平方项，无法计算 RMSEA、CFI、TLI 和 SRMR 值，模型拟合指标 R^2 得到进一步提高，模型适配度良好；在模型4中，加入调节变量后，互补性伙伴匹配（beta = 0.785，p < 0.01）对学术绩效的正向影响作用显著，除此之外使命动机（beta = −0.271，p < 0.01）对学术绩效的负向影响作用显著，此时模型拟合指标 R^2 比前三个模型均高，表明此

时模型拟合效果比较理想。模型 4 的结果表明，资助动机对学术绩效的提升存在显著性的负向影响，学习动机对学术绩效的提升存在显著性的正向影响，而使命动机对学术绩效的提升存在显著性的负向影响并未通过验证，因此，H1a 和 H1b 得到支持。另外，在模型 3 中的结果表明，资源投入对学术绩效的提升存在正向的相关关系，平方项的系数为负数，表明倒"U"型关系得到有效的验证，H2 通过检验。在模型 4 中的结果表明，互补性伙伴匹配对学术绩效的提升存在显著性的正向影响，因此，H3a 得到支持。

模型 5 ~ 7 是因变量为资源投入的回归分析结果，其中模型 5 是控制变量的影响作用，模型 6 是加入了自变量的影响作用，模型 7 是加入了调节变量的影响作用。研究结果显示，在模型 5 中，学科（beta = - 0.110，p < 0.05）、区域（beta = 0.138，p < 0.01）、团队规模（beta = 0.099，p < 0.1）、企业成员（beta = 0.090，p < 0.1）、角色（beta = 0.110，p < 0.1）对资源投入的影响作用显著，此时模型拟合指标显示模型适配度良好；在模型 6 中，加入自变量合作动机的三个维度之后，资助动机（beta = 0.153，p < 0.05）和学习动机（beta = 0.195，p < 0.05）对资源投入的正向影响作用显著，此时模型拟合指标 R^2 得到提高，模型适配度良好；在模型 7 中，加入调节变量后，一致性伙伴匹配（beta = 0.228，p < 0.01）对资源投入的正向影响作用显著，此时模型拟合指标 R^2 得到显著提高，模型适配度良好。

二、结构方程模型分析

由于本研究涉及中介和调节的复杂模型，因此通过 Mplus 7.4 软件完成中介效应检验、有中介的前半路径调节效应检验和有中介的后半路径调节效应检验三个方面的分析，形成本研究的结构方程模型分析。

以往的中介效应主要参照巴伦和肯尼（Baron & Kenny，1986）提出的逐步回归方法进行中介检验，这一研究方法近年来受到批评和质疑（Edwards & Lambert，2007；温忠麟和叶宝娟，2014），因此采用目前普遍被接受的 Bootstrap 法直接检验。Bootstrap 法是一种从样本中重复取样的方法，获得一个 Bootstrap 样本，对这个样本进行系数乘积的估计值，按照数值大小排序，其中第 2.5% 和第 97.5% 就构成系数乘积的一个置信度为 95% 的置信区间，如果这个置信区间不包含 0，则系数乘积显著，即中介效应显著（Preacher & Hayes，2008；温忠麟和叶宝娟，2014）。

在本研究中的理论概念模型，是既有中介变量，又有调节变量，典型的有调节的中介效应。在以往的研究中往往是采用结构方程模型（SEM）方法，这种方法面临乘积项的非正态分布问题，而潜调节方程（LMS）法却可避免乘积项的问题（方杰和温忠麟，2018）。LMS 是一种分布分析方法，利用全部指标的联合分布函数去估计参数，因此不需要使用乘积项（Klein & Moosbrugger，2000），这种方法相对于乘积指标法，在精度和检验力方面都更优（Sardeshmukh & Vandenberg，2017；方杰和温忠麟，2018）。

（一）合作动机—资源投入—学术绩效的中介效应检验结果

本研究通过使用极大似然估计法（ML）对中介模型进行检验，设置 Bootstrap 法抽样 1000 次，最终得到中介效应分析结果，如表 6 – 19 所示。研究结果显示，从模型拟合指标来看，均在可接受的范围内，表明该模型适配度良好。从 a1b 系数（beta = 0.020，p < 0.1）、a2b 系数（beta = 0.059，p < 0.1）、a3b 系数（beta = 0.025，p > 0.1），以及 a1b、a2b 和 a3b 的置信水平区间来看，a1b 和 a2b 均未包含 0，由此可见，资源投入在资助动机与学术绩效的影响路径中的中介效应显著，在学习动机与学术绩效的影响路径中的中介效应显著，而在使命动机与学术绩效的影响路径中的中介效应不显著，因此，H4a 和 H4b 得到支持，H5c 未得到支持。

表6 – 19　　　　　　　　　　　中介效应分析结果

回归路径	标准化路径系数	双尾 P 值	Lower2. 5%	Upper2. 5%
资助动机→资源投入（a1）	0. 119 *	0. 060	0. 001	0. 166
学习动机→资源投入（a2）	0. 216 **	0. 015	0. 068	0. 480
使命动机→资源投入（a3）	0. 101	0. 336	− 0. 104	0. 317
资助动机→学术绩效	− 0. 07 **	0. 054	0. 021	0. 355
学习动机→学术绩效	0. 442 ***	0. 000	0. 557	1. 213
使命动机→学术绩效	− 0. 151	0. 137	− 0. 686	0. 035
资源投入→学术绩效（b）	0. 136 **	0. 041	0. 018	0. 475
a1b	0. 020 *	0. 087	0. 005	0. 184
a2b	0. 059 *	0. 095	0. 009	0. 157
a3b	0. 025	0. 442	− 0. 020	0. 130
模型拟合指标：RMSEA = 0. 076，CFI = 0. 944，TLI = 0. 931，SRMR = 0. 050				

注：* 表示显著性水平为 10%，** 表示显著性水平为 5%，*** 表示显著性水平为 1%，表格中的系数为标准化的路径系数。

（二）在前半路径调节的中介效应检验结果

研究通过使用潜调节方程（LMS）法进行有中介的调节效应检验，使用稳健极大似然估计法（MLR），在前半路径调节的中介效应检验结果如表6 – 20 所示。前半路径调节的中介效应模型的 AIC 小于不含有潜调节项的标准模型表明模型拟合情况较好。研究结果显示互补性伙伴匹配对资助动机与资源投入的正向相关关系有负向调节作用（beta = − 0. 211，p < 0. 05），互补性伙伴匹配对学习动机与资源投入的正向相关关系存在正向调节作用（beta = 0. 143，p < 0. 1），一致性伙伴匹配对资助动机与资源投入的正向相关关系存在正向调节作用（beta = 0. 112，p < 0. 1），一致性伙伴匹配对使命动机与资源投入的正向相关存在负向调节作用（beta = − 0. 296，p < 0. 01）。以上研究结果表明，当调节变量——互补性伙伴匹配和一致性伙伴匹配作用在前半路径时，互补性伙伴匹配和一致性伙伴匹

配对于不同类型的动机与资源投入的调节作用存在差异，其中，互补性伙伴匹配主要是负向调节资助动机与资源投入的正向相关关系和正向调节学习动机与资源投入的正向相关关系，一致性伙伴匹配关系却是正向调节资助动机与资源投入的正向相关关系，而负向调节使命动机与资源投入的正向相关关系，因此 H5a、H5b、H5d 和 H5f 得到支持。

表6-20　　　　　　　　在前半路径调节的中介效应检验结果

回归路径	非标准化路径系数	S. E.	Est. /S. E.	双尾 P 值
资助动机→资源投入	0.083**	0.037	2.262	0.024
学习动机→资源投入	0.175*	0.103	1.690	0.091
使命动机→资源投入	0.261***	0.088	2.969	0.003
互补性伙伴匹配→资源投入	0.066	0.123	0.538	0.591
一致性伙伴匹配→资源投入	0.278***	0.066	4.232	0.000
资助动机×互补性伙伴匹配→资源投入	-0.211**	0.092	-2.311	0.021
学习动机×互补性伙伴匹配→资源投入	0.143*	0.081	1.763	0.074
使命动机×互补性伙伴匹配→资源投入	0.251	0.182	1.377	0.168
资助动机×一致性伙伴匹配→资源投入	0.112*	0.066	1.693	0.090
学习动机×一致性伙伴匹配→资源投入	0.063	0.118	0.538	0.591
使命动机×一致性伙伴匹配→资源投入	-0.296***	0.112	-2.641	0.008
资助动机→学术绩效	-0.089*	0.046	-1.928	0.058
学习动机→学术绩效	0.941***	0.179	5.268	0.000
使命动机→学术绩效	-0.300	0.205	-1.468	0.142
资源投入→学术绩效	0.251**	0.122	2.061	0.039
资源投入的平方项→学术绩效	-0.024	0.183	-0.131	0.896

注：（1）LMS 法不提供标准化结果，而且不提供常用的 RMSEA、CFI、TLI 等模型拟合指数。（2）* 表示显著性水平为 10%，** 表示显著性水平为 5%，*** 表示显著性水平为 1%。

（三）在后半路径调节的中介效应检验结果

本研究通过使用潜调节方程（LMS）法进行有中介的调节效应检验，使用稳健极大似然估计法（MLR），在后半路径调节的中介效应检验结果如表 6 – 21 所示。后半路径调节的中介效应模型的 AIC 小于不含有潜调节项的标准模型表明模型拟合情况较好。研究结果显示，互补性伙伴匹配正向调节资源投入与学术绩效之间的关系（beta = 0. 195，p < 0. 1），而且正向调节资源投入的平方项与学术绩效之间的关系（beta = 0. 085，p < 0. 1）。以上研究结果表明，当调节变量——互补性伙伴匹配和一致性伙伴匹配作用在后半路径时，互补性伙伴匹配正向地调节资源投入与学术绩效的相关关系，并且正向地调节资源投入与学术绩效的倒 "U" 型关系，而一致性伙伴匹配的调节作用不显著，因此 H6a 得到支持。

表 6 – 21　　　　　　在后半路径调节的中介效应检验结果

回归路径	非标准化路径系数	S. E.	Est. /S. E.	双尾 P 值
资助动机→资源投入	0. 080 *	0. 042	1. 902	0. 057
学习动机→资源投入	0. 254 ***	0. 097	2. 609	0. 009
使命动机→资源投入	0. 101	0. 106	0. 950	0. 342
资助动机→学术绩效	− 0. 126 **	0. 063	− 2. 020	0. 043
学习动机→学术绩效	0. 424 ***	0. 155	2. 733	0. 006
使命动机→学术绩效	− 0. 481 ***	0. 152	− 3. 168	0. 002
资源投入→学术绩效	0. 119	0. 094	1. 256	0. 209
资源投入的平方项→学术绩效	− 0. 060	0. 084	− 0. 711	0. 477
互补性伙伴匹配→学术绩效	1. 643 ***	0. 244	6. 739	0. 000
一致性伙伴匹配→学术绩效	− 0. 131	0. 112	− 1. 171	0. 242
资源投入×互补性伙伴匹配→学术绩效	0. 195 *	0. 109	1. 793	0. 073
资源投入×互补性伙伴匹配→学术绩效	− 0. 047	0. 126	− 0. 370	0. 712
资源投入的平方项×互补性伙伴匹配→学术绩效	0. 085 *	0. 049	1. 726	0. 083
资源投入的平方项×一致性伙伴匹配→学术绩效	0. 007	0. 128	0. 058	0. 954

注：（1）LMS 法不提供标准化结果，而且不提供常用的 RMSEA、CFI、TLI 等模型拟合指数。（2）*表示显著性水平为 10%，** 表示显著性水平为 5%，*** 表示显著性水平为 1%。

第七节 结果分析

基于描述性统计分析、数据检验、层次回归分析和结构方程分析的结果，本研究将研究结果总结为以下几点，并进一步结合已有研究进行讨论，具体情况如下所示。

1. 控制变量对高校科研团队学者的学术绩效的影响

本研究在前人研究和实践认识的基础上，选取了大学、团队和个体 3 个方面的 13 个控制变量，包含大学质量、学科、区域、团队规模、团队年龄、实体机构、企业成员、年龄、性别、职称、政府资助、团队角色和企业经验，层次回归分析结果显示，个体方面的两个控制变量，职称和政府资助对学术绩效的影响作用显著，这两个变量均在一定程度上反映的是个人的研究能力。

2. 产学研合作动机对高校科研团队学者的学术绩效的影响

本研究将高校科研团队学者参与产学研合作的动机划分为三类：资助动机、学习动机和使命动机，根据中国情境下的实际情况，将三类动机的测度进行了修订。通过探索性因子分析和验证性因子分析结果显示三维度是产学研合作动机的关键性构面。明晰产学研合作动机的分类，有助于预测异质性高校学者个体的行为和结果问题。通过对大样本数据进行分析，表明高校学者在参与产学研合作时受到混合的外在动机和内在动机的驱动作用（Lam, 2011；Iorio et al., 2017），实证结果验证两个合作动机维度对学者的学术绩效存在显著影响，其中资助动机对学术绩效存在负向影响，学习动机对学术绩效存在正向影响。资助动机与学术绩效呈现显著的负向相关，意味着资助动机驱动下的产学研合作更多的是应用研究和有目标的结果，这与黄保锦和辛格（Wong & Singh，2013）的认识保持一致。学习动机与学术绩效呈现显著的正向相关关系，表明这类以学习动机驱动下的产学研合作更多的是明确地获取合作伙伴的核心知识，进而形成对自己研究的知识协同效应。

尽管研究显示中国情境下的学者具有使命动机的因素驱动，但使命动机对高校学者的学术绩效提升的作用不显著。可能的解释在于：在预想中使命动机下的学者更多的是在巴斯德象限理论下开展研究，而实际上并非如此，一些学者即便是受到使命动机驱动下开展产学研合作，但一些学者的使命定位相对较低，更多地在解决企业的实际问题，相当多的学者并未形成更高层次的使命定位，即在科研成果产业化的过程中以知识创造为使命。

3. 产学研合作行为对学术绩效的影响

本研究从行为过程的视角将产学研合作行为划分为两个维度：其一是个体自身维度下的资源投入，其二是个体与环境交互维度下的伙伴匹配。前者是高校科研团队在产学研合作中的个人努力程度，后者是选择合适的合作伙伴。通过对大样本数据进行分析，产学研合作的资源投入对高校科研团队学者的学术绩效的影响呈现出倒"U"型的相关关系，这表明随着高校学者在产学研合作资源投入的增多，学术绩效逐渐提升，在超过一定范围的资源投入则学术绩效将降低，这与现有研究验证的产学研合作对学术绩效的倒"U"型影响关系认识是保持一致的（Banal – Estañol et al.，2015；刘笑和陈强，2017；王晓红和张奔，2018；张艺等，2018a），本研究增加了个体层次上基于一手数据获得的证据，丰富了现有的微观认识。出现这种倒"U"型的关系，是因为在资源投入较低时，合作更多的是一种弱联结的嵌入网络，双方知识交流不够深入，信息共享较低，自然无法形成有效的知识协同效应（何郁冰和张迎春，2017），当资源投入过多时，与企业形成了强联结，高校学者需要付出更多的时间和精力在产业合作上，往往会占用其在基础研究上的时间和精力，形成了"挤占效应"（温珂等，2016）。

基于人—组织匹配理论的认识，本研究将伙伴匹配进一步划分为互补性伙伴匹配和一致性伙伴匹配，前者侧重于资源、知识和能力的互补性，而后者则侧重于目标、价值观和规范的一致性。通过对大样本数据进行分析，只有互补性伙伴匹配对高校科研团队学者的学术绩效的影响呈现正向的相关关系，这表明"门当户对"在产学研合作中扮演重要的角色。已有研究从企业的角度发现互补性的伙伴匹配关系对产学研合作过程中的知识共享存在积极的正向影响（徐梦丹，2018；马文聪等，2018），本研究从高校学者的角度验证了互补性伙伴匹配对学术绩效有积极的正向作用，丰富了现有产学研合作理论的认识。而对于一致性伙伴匹配对于学术绩效的影响并未得到验证，可能存在的解释在于，一致性伙伴匹配更多的是影响资源投入的因素，层次回归的结果显示，一致性伙伴匹配对资源投入存在正向的相关关系，因此，在后文的调节效应中进一步进行分析。

4. 产学研合作行为个体自身维度：合作动机—资源投入—学术绩效的中介效应研究

本研究的理论贡献之一在于拓展了"动机—行为—绩效"的经典框架在合作创新领域的应用。以合作动机构建为起点，学术绩效为目标，通过产学研合作行为的个体自身维度下的资源投入为中介，形成了"合作动机—资源投入—学术绩效"的影响路径，这将有助于阐述清楚如何通过产学研合作来实现学术绩效的提升的影响路径。本研究基于中介效应的检验结果显示，资源投入在资助动机和学术绩效之间，以及在学习动机和学术绩效之间的影响中均具有中介效应，这说明不同的产学研合作动机通过资源投入进而影响学术绩效。资源投入在使命动机和学术绩效影响关系中的中介效应不显著，这是由于使命动机影响学术绩效的路径复杂所导致的，在案例研究中，A 团队的学者 A1 表示，该团队一直坚持的合作模式是，通过产学研合作后，先申请专利再写论文，因此，使命动机影响学术绩效的路径比较复杂，可能需要通过资源投入和技术绩效的链式中介作用，因此，未来还需要进一步探讨。

5. 产学研合作行为个体与环境交互维度：伙伴匹配在前半路径的调节效应研究

本研究认为伙伴匹配可能会调节合作动机到资源投入的前半路径，原因在于前半路径是高校科研团队的学者在决定参与产学研合作的过程中，互补性伙伴匹配会释放能力信号，一致性伙伴匹配会释放信任信号，这些信号对于学者的影响会反映在高校学者的资源投入行为上。通过对大样本数据进行分析，互补性伙伴匹配和一致性伙伴匹配的调节作用存在差异性。互补性伙伴匹配主要是调节资助动机和学习动机对资源投入的正向相关关系，但二者之间也存在差异，互补性伙伴匹配负向调节资助动机与学术绩效的关系，而正向调节学习动机与学术绩效的关系，一致性伙伴匹配主要是调节资助动机和使命动机对资源投入的正向关系，但一致性伙伴匹配正向调节资助动机与资源投入的关系，反而负向调节使命动机与资源投入的关系。

互补性伙伴匹配在前半路径的调节作用存在差异性。由于资助动机下的合作更多的是帮助企业解决短期的问题（Rosenberg & Nelson，1994），当合作企业在资源和能力相当时，企业有能力吸收高校学者转移的技术或知识，对于高校学者而言，则无须再投入过多的人力资源帮助企业来吸收和消化，因此相对而言，高校学者会降低资源的投入。而学习动机下的合作更多的是在高校学者自身的研究领域积累来自市场的新知识，当合作企业能为其提供互补性的知识时，这会促进高校学者投入更多的资源来加强合作，形成长期稳定的合作伙伴关系。而互补性伙伴匹配对使命动机对资源投入的调节作用不显著，可能的解释在于，使命动机下的合作更多的是将科研成果进行产业化，将实验室的科研成果推向市场本身就需要投入更多的资源，而且这类型的学者不缺乏企业合作者，因此，一致性伙伴匹配的作用可能更重要，这一情况在实践案例中有体现，如 A 团队的带头人表示，与 XLKJ 企业合作之前，很多的企业都想要和 A 团队进行合作，但更多的企业处于观望的态度，而 XLKJ 企业却明确地表明要将 A 团队的科研成果进行产业化的决心，因此，促成二者之间的"联姻"。

一致性伙伴匹配在前半路径的调节作用同样存在差异性。对于资助动机驱动合作的高校学者而言，合作目标与企业保持高度一致，高校学者为企业解决问题，企业为高校学者提供物质资金，从社会交换理论来看，高校学者会加大技术和知识等资源的投入。对于那些使命动机的学者来看，高的合作伙伴一致性匹配会给这类学者释放一种高度信任的信号，这种信号使高校学者有信心将科研成果的下游开发交由合作企业承担，从而使他们能够更专注于上游的研究工作，因此相对而言，这类高校学者会降低产学研合作资源的投入。而学习动机对于资源投入的作用并未受到一致性伙伴匹配的调节作用，可能是由于学习动机本身营造的是一种相对较高的信任合作氛围，因此一致性伙伴匹配对其的作用不明显。

6. 产学研合作行为个体与环境交互维度：伙伴匹配在后半路径的调节效应研究

本研究认为伙伴匹配可能会调节资源投入到学术绩效的后半路径，原因在于后半路径是高校科研团队的学者在参与产学研合作后产生的结果，伙伴匹配会影响知识的共享和合作伙伴之间的学习，最终会影响学术绩效的提升。通过对大样本数据进行分析，互补性伙伴匹配正向地调节资源投入与学术绩效的倒"U"型关系。在资源投入不足时，互补性伙伴匹配对资源投入与学术绩效的正向作用具有正向促进作用，这是由于互补性匹配的合作伙伴为彼此在知识共享过程中提供等价的交换关系，这种等价关系会激发双方更愿意地进行知识的显性和隐性共享行为（徐梦丹，2018；马文聪等，2018），这种行为会反过来促进高校学者加大资源的投入，进而带来学术绩效的提升。在资源投入过度时，互补性伙伴匹配对资源投入与学术绩效的负向作用具有缓解作用，这是由于这种互补性匹配关系会形成有效的协作分工，让高校学者与合作企业形成优势互补，促进知识协同效应，因此，互补性伙伴匹配有助于平滑过多的资源投入给学术绩效提升带去的负向作用。一致性伙伴匹配对资源投入与学术绩效的倒"U"型关系的调节作用不显著，其可能的解释在于：在产学研合作确定后，一致性伙伴匹配的作用关系不大，由于很多因素均在达成合作前形成统一的认识，这一认识在访谈案例中得到众多学者的普遍认同。因此，本研究认为在产学研合作形成后，在资源投入后产出学术绩效时，互补性伙伴匹配扮演更重要的角色，即在合作关系形成后，"门当户对"是影响高校学者学术绩效的重要因素，这一发现与马文聪等（2018）从企业视角的认识是保持一致的。

第七章

产学研合作动机、合作行为对学者学术绩效的组态研究

第一节　理论基础：驱动路径

当前学术界对于产学研合作驱动学者学术绩效的提升路径的研究主要集中在以下三个方面。第一，资源驱动。这种产学研合作带来的资源不仅是经费的资助，更是知识、人才和社会网络等方面的资源。有学者将产学研合作划分为科学合作和技术合作（赵胜超等，2020），这些资源在不同合作中的作用机理存在差异。无论是在科学合作还是技术合作中，异质性的科学知识和技术知识在企业科学家和学术科学家之间的交叉融合，进而会促进学术绩效的提升。也有研究认为社会资本有助于高校学者向产业界转移和转化知识，也会从产业界获得实践知识，进而促进学者个人的绩效（陈彩虹和朱桂龙，2014）。

第二，活动驱动。产学研合作对于学术绩效存在两条影响路径，分别是基础研究活动和技术开发活动的中介效应，相关研究发现两条路径的影响机制存在差异，前者是产学研合作影响基础研究活动产生倒"U"型的影响，而基础研究活动对学术绩效产生正向影响；后者是产学研合作正向

影响技术开发活动，而技术开发活动对学术绩效产生倒"U"型的影响（张艺等，2018c）。

第三，社会网络驱动。当与企业建立弱联结关系时，有助于从产业界获得更多的新鲜知识或资源，有助于创新的实现和学术绩效的提升，随着联结强度的逐渐增强，企业愿意分享和提供它们拥有的异质性资源，进而碰撞出新的思想火花，推动学术绩效的提升（张艺等，2018a）。

现有文献针对产学研合作驱动学术绩效的影响路径是以产学研合作本身为立足点，鲜有研究从产学研行为主体的角度进行思考。有学者从产学研合作主体的行为视角来探究这一影响路径，尝试借鉴"动机—行为—绩效"的框架，通过探索性案例对路径进行了回答（杨小婉等，2021）。该研究结果启发了多要素之间的协同组态效应，但是并未形成深入的研究结果，因此存在进一步探究的空间。

第二节　模型的构建

从本质上来说，学术绩效的提升意味着高校科研团队学者在参与产学研合作过程中需要避免陷入成为企业研发团队成员的"陷阱"。作为产学研行为主体的供给方，高校科研团队学者在有限的资源约束下，如何有效地平衡科学活动和商业活动的时间和精力是亟须思考的问题。因此，如何通过产学研合作驱动高校科研团队学者学术绩效提升这一研究问题，实际上是需要综合考虑行为主体的内部因素和外部因素。一方面，从合作动机的角度出发，基于自我决定理论的认识，内外合作动机的差异导致学者在学术绩效的表现上存在显著差异。另一方面，从合作行为的角度，基于社会网络理论和人—环境匹配理论的认识，强关系和弱关系对于学者的学术绩效均存在不利的影响，而合作伙伴的匹配对于学术绩效的影响存在差异性。

综上所述，通过产学研合作提升高校科研团队的学者绩效，受到内外部多种因素的共同影响。本书尝试将高校产学研行为主体的合作动机、资源投入行为及行为主体所处的外部环境中的伙伴匹配行为纳入组态分析中，其中合作动机包括资助动机、学习动机和使命动机（杨小婉等，2021；Iorio et al.，2017）；伙伴匹配行为包括互补性伙伴匹配和一致性伙伴匹配（马文聪等，2018）。通过 6 个前因条件来分析学术绩效的多重并发原因，构建的研究模型如图 7 - 1 所示。

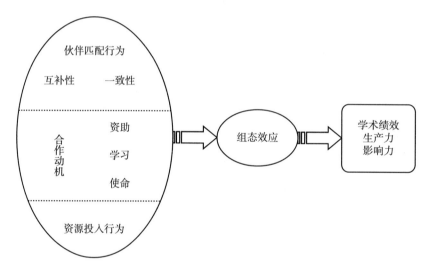

图 7 - 1　产学研合作驱动高校科研团队学者学术绩效提升的组态效应模型

第三节　方 法 选 择

本书使用 fsQCA 方法检验资助动机、学习动机、使命动机、资源投入行为、互补性伙伴匹配行为和一致性伙伴匹配行为 6 个解释变量如何相互作用而共同影响学术绩效。模糊集定性比较分析（fsQCA）从整体视角出发，将每个案例视作条件变量的组态，通过案例间的对比分析，找出导致期望结果产生的条件组态（杜运周和贾良定，2017）。本书采用 fsQCA 的原因主要有以下三点：（1）传统的回归分析适合探索单个条件变量的"净效应"，而 fsQCA 则能够分析条件变量的组态关系和殊途同归（杨小婉等，2021）；（2）fsQCA 充分考虑条件变量间的相互依赖性和化学反应，更加关注因果关系的非对称性；（3）fsQCA 相较其他定性比较分析方法（csQCA、mvQCA）更能解决变量的程度变化问题和隶属问题（杜运周和贾良定，2017），更适合本书的研究。本书使用的分析软件为 fsQCA3.0。

第四节 变量校准

fsQCA 将所有变量都视为一个集合，每个案例在集合中都具有隶属值，校准是将案例转换为集合隶属值的过程。由于案例数据通过 Likert7 点量表法测得，所以本研究以锚点"7"为完全隶属值，以锚点"1"为完全不隶属值，由于通过 Likert 量表测量的数据本身极易存在分布不均（如都分布在 4 以上），导致校准面临分布和量表刻度的冲突，因此本书参考已有研究的做法（吴琴等，2019），使用问卷数据均值作为交叉锚点。同时为了确保将隶属值为 0.5 的案例纳入分析，在此基础上增加了 0.01。条件和结果变量的校准信息如表 7 - 1 所示。

表 7 - 1 条件和结果变量校准

条件和结果变量	校准		
	完全隶属	交叉点	完全不隶属
资助动机	7	5.425	1
学习动机	7	5.648	1
使命动机	7	6.032	1
资源投入	7	4.946	1
互补性伙伴匹配行为（互补性）	7	4.476	1

续表

条件和结果变量	校准		
	完全隶属	交叉点	完全不隶属
一致性伙伴匹配行为（一致性）	7	3.909	1
生产力	7	4.200	1
影响力	7	4.067	1

第五节　必要条件分析

必要条件指结果存在时总是出现的前因条件，通常用一致性来衡量。一般认为一致性分数达到 0.9 以上为必要条件。表 7 - 2 是结果变量分别为高生产力和高影响力的必要条件检验结果，从表 7 - 2 中可以发现，无论是高生产力还是高影响力，所有条件的一致性值均低于 0.9，表明资助动机、学习动机、使命动机、资源投入、互补性和一致性 6 个解释变量中不存在产生高生产力和高影响力的必要条件。这一检验结果证实了产学研合作驱动高校科研团队学者学术绩效提升路径的复杂性，并非单一要素即可驱动，因此需要多要素进行共同驱动，也进一步证实了组态分析的必要性。

表 7 - 2　　　　　　　　　必要条件分析结果

变量	高生产力		高影响力	
	一致性	覆盖度	一致性	覆盖度
资助动机	0.628	0.734	0.625	0.745
~资助动机	0.780	0.644	0.786	0.662
学习动机	0.687	0.810	0.678	0.815
~学习动机	0.750	0.616	0.756	0.633
使命动机	0.602	0.771	0.593	0.774

变量	高生产力		高影响力	
	一致性	覆盖度	一致性	覆盖度
~使命动机	0.811	0.631	0.823	0.653
资源投入	0.722	0.772	0.713	0.776
~资源投入	0.748	0.661	0.758	0.683
互补性	0.807	0.816	0.805	0.829
~互补性	0.691	0.641	0.692	0.654
一致性	0.755	0.719	0.755	0.733
~一致性	0.703	0.691	0.700	0.702

注："~"是指逻辑运算结果为"非"，如~资助动机表示非高资助动机。

第六节　组态分析

　　通过构建真值表，可以分析不同条件变量组合对结果产生影响的充分性。真值表是案例中对应结果的前因条件的所有组合，构建真值表需要确定合适的案例频数阈值和原始一致性阈值。案例数量小于频数阈值的被认为是逻辑余项，一般要求频数阈值能保留至少75%的案例。原始一致性即条件组合造成结果的充分性，通常要求在0.8以上，同时应尽可能避免同因异果。遵循以上原则，本书将案例频数阈值设定为5，将原始一致性阈值设定为0.9，先后将高生产力和高影响力作为结果变量运行"标准分析"程序，得到简约解、中间解和复杂解三种解，并据此分析高生产力和高影响力的实现路径，最终结果如表7-3和表7-4所示。

　　从表7-3和表7-4中可以看出，高生产力和高影响力总体解的覆盖度分别为0.560和0.660，均显示了相当高的样本覆盖率。而且，表中呈现的组态，无论是高生产力还是高影响力，其单个解和总体解的一致性分数均高于普遍接受的一致性水平 0.75，意味着所有组态都能充分解释结果的产生，可以视作高生产力和高影响力的充分前因组态。

一、学术生产力组态分析

表 7 - 3 呈现出产学研合作驱动高校科研团队学者学术绩效在生产力维度上的组态共计 4 条路径，分别是组态 HP1 表示以高学习动机、高互补性为核心条件，以高使命动机为边缘条件可以导致高生产力；组态 HP2a 表示以高使命动机、高资源投入和高互补性为核心条件，以高资助动机为边缘条件可以导致高生产力；组态 HP2b 表示以高使命动机、高资源投入和高互补性为核心条件，以高一致性为边缘条件可以导致高生产力；组态 HP3 表示以高学习动机、高资源投入和高一致性为核心条件，以高资助动机、高使命动机为边缘条件可以导致高生产力。其中组态 HP2a、HP2b 构成了二阶等价组态，即核心条件相同。基于各组态核心条件和边缘条件的不同，可以将 4 条路径划分为 3 种类型，分别是：学习驱动—门当户对型、学习驱动—两情相悦型和使命驱动—门当户对型。

表 7 - 3 产生高生产力的组态

前因条件	HP1	HP2a	HP2b	HP3
资助动机		●		●
学习动机	●			●
使命动机	●	●	●	●
资源投入		●	●	●
互补性	●	●	●	
一致性			●	●
原始覆盖度	0.513	0.424	0.4780	0.391

续表

前因条件	HP1	HP2a	HP2b	HP3
唯一覆盖度	0.049	0.003	0.015	0.009
一致性	0.888	0.899	0.899	0.906
总体解的覆盖度	0.560			
总体解的一致性	0.861			

注：●表示核心条件存在，● 表示边缘条件存在，"空格"表示该条件可存在亦可不存在。核心条件与结果存在强因果关系，边缘条件与结果存在较弱因果关系。

（1）学习驱动——门当户对型：对应组态 HP1。该组态表示学习动机和互补性伙伴匹配行为对于学者在参与产学研合作过程中驱动学术绩效在生产力维度上发挥了核心作用，在此基础上，学者存在使命动机更能产生高的学术生产力。这意味着具有学习动机的学者在参与产学研合作中，与"门当户对"的企业合作，若还存在使命动机进行辅助驱动的情况下，更能促进学术生产力的提升。

（2）学习驱动——两情相悦型：对应组态 HP3。该组态表明学习动机、高资源投入行为和一致性伙伴匹配行为对于学者在参与产学研合作过程中驱动学术绩效在生产力维度上发挥了核心作用，在此基础上，学者存在资助动机和使命动机更能产生高的学术生产力。这意味着具有学习动机的学者在参与产学研合作中，与"两情相悦"的企业合作，还需要进行大量的资源投入，同时在资助动机和使命动机共同辅助驱动的情况下，促进学术生产力的提升。

（3）使命驱动——门当户对型：对应组态 HP2a 和 HP2b。HP2a 组态和 HP2b 组态均表明使命动机、高资源投入行为和互补性伙伴匹配行为对于学者在参与产学研合作过程中驱动学术绩效在生产力维度上发挥了核心作用，但 HP2a 在此基础上，学者存在资助动机更能产生高的学术生产力，而 HP2b 在此基础上，学者与一致性企业伙伴合作更能产生高的学术生产力。这意味着具有使命动机的学者在参与产学研合作中，与"门当户对"的企业合作，还需要加大资源的投入。若还存在资助动机进行辅助驱动的情况下，或者是与"两情相悦"的企业合作，更能促进学术生产力的提升。

基于这 3 种类型，本书发现资助动机不是产生高学术生产力的核心条件，更多的是以边缘条件的形式存在，而学习动机和使命动机是产生高学术生产力的核心条件，但也需要与合作行为匹配才可以发挥作用。

二、学术影响力组态分析

表 7-4 呈现出产学研合作驱动高校科研团队学者学术绩效在影响力维度上的组态，共计 6 条路径，分别是组态 HI1a 表示以高使命动机和高互补性为核心条件，以学习动机为边缘条件可以产生高影响力；组态 HI1b 表示以高使命动机和高互补性为核心条件，以非高资助动机、高一致性为边缘条件可以产生高影响力；组态 HI1c 表示以高使命动机和高互补性为核心条件，以高资助动机、高资源投入为边缘条件可以产生高影响力；组态 HI2a 表示以高学习动机和高一致性为核心条件，非高资助动机、高使命动机和非高资源投入为边缘条件可以产生高影响力；组态 HI2b 表示以高学习动机和高一致性为核心条件，高资助动机、高使命动机和高资源投入为边缘条件可以产生高影响力；组态 HI3 表示高资助动机、非高资源投入和高一致性为核心条件，以非高学习动机、非高使命动机和高互补性为边缘条件可以产生高影响力。其中，组态 HI1a、HI1b、HI1c 构成了二阶等价组态，组态 HI2a、HI2b 构成了二阶等价组态，即核心条件相同。基于各组态核心条件和边缘条件的不同，可以将 6 条路径划分为 3 种类型，分别是：使命驱动——门当户对型、学习驱动——两情相悦型和资助驱动——两情相悦型。

表 7-4　　　　　　　　　　　　产生高影响力的组态

前因条件	HI1a	HI1b	HI1c	HI2a	HI2b	HI3
资助动机		⊗	•	⊗	•	●
学习动机	•			●	●	⊗
使命动机	●	●	●	●	●	⊗
资源投入			•	⊗		⊗
互补性	●	●	●			•
一致性		•		●	●	●
原始覆盖度	0.506	0.472	0.417	0.415	0.383	0.454
唯一覆盖度	0.026	0.020	0.005	0.006	0.004	0.094
一致性	0.892	0.905	0.901	0.902	0.904	0.900
总体解的覆盖度	0.660					
总体解的一致性	0.851					

注：●表示核心条件存在，⊗表示核心条件缺失，•表示边缘条件存在，⊗表示边缘条件缺失，"空格"表示该条件可存在亦可不存在。核心条件与结果存在强因果关系，边缘条件与结果存在较弱因果关系。

（1）使命驱动——门当户对型：对应组态 HI1a、HI1b、HI1c。该类型表示使命动机和互补性伙伴匹配行为对于学者在参与产学研合作过程中驱动学术绩效在影响力维度上发挥了核心作用。HI1a 在此基础上，学者存在学习动机更能产生高的学术影响力。HI1b 在此基础上，非高资助动机驱动和与"两情相悦"的企业合作更能产生高的学术影响力。HI1c 在此基础上，资助动机驱动和与高资源投入产学研合作更能产生高的学术影响力。这意味着对于高校科研团队的学者而言，想要在科学研究上有所影响，需要使命动机驱动的同时与"门当户对"的企业合作。如果是与"两情相悦"的企业合作，则不能抱着获得企业资助的目的去合作，否则无法在学术研究中有所突破。

（2）学习驱动——两情相悦型：对应组态 HI2a 和 HI2b。该类型表明学习动机和一致性伙伴匹配行为对于学者在参与产学研合作过程中驱动学术绩效在影响力维度上发挥了核心作用。但 HI2a 和 HI2b 形成了相反的效应，其中 HI2a 在此基础上，学者存在非高资助动机、使命动机和非高资源投入更能产生高的学术生产力。而 HI2b 在此基础上，学者存在高资助动机、使命动机和高资源投入更能产生高的学术生产力。这意味着具有学习动机的学者在参与产学研合作中，与"两情相悦"的企业合作，同时有使命动机驱动的情况下会存在两条相反的实现路径，其一是非高资助动机驱动下的非高资源投入，其二是高资助动机驱动下的高资源投入，均能有效地实现学术影响力的提升。

（3）资助驱动——两情相悦型：对应组态 HI3。组态 HI3 表明资助动机、非高资源投入行为和一致性伙伴匹配行为对于学者在参与产学研合作过程中驱动学术绩效在影响力维度上发挥了核心作用，而此时学习动机和使命动机的驱动作用减弱，同时与互补性企业伙伴合作更能提升学术影响力。这意味着具有资助动机的学者在参与产学研合作中，与"两情相悦"的企业合作，不进行资源的大量投入，更能促进学术影响力的提升。

基于这 3 种类型，本书发现资助动机、学习动机和使命动机均是产生高学术影响力的核心条件之一，但路径存在较大的差异，同样，不同的动机需要与相应的合作行为相匹配，才能发挥作用。

第七节　稳健性检验

基于集合论的思想，本书通过将一致性水平从 0.9 提高到 0.91，再使用 fsQCA 3.0 软件进行稳健性检验，得到的组态结果与上表相差甚微，且具有明显的子集关系，并没有发生本质变化，因此，本研究结论的稳健性合格。

第八章

研究结论、管理启示和政策建议

第一节　主要研究结论

在产学研协同创新背景下，高校组织如何通过产学研合作实现高校的目标，是一个具有理论和实践意义的研究课题。尤其对于高校组织中非常重要的单元——高校科研团队的发展而言，通过与产业的联系，可以获取产业互补性的资源和知识，推进科学研究的发展。然而在产学研合作的实践过程中，高校学者面临着公共部门和私人部门激励系统的差异所带来的"张力"局面，合作过程中可能会出现一系列的问题，如"保密问题"和研究议程的"倾斜问题"，这些问题均成为产学研合作侵蚀高校组织发展目标的潜在隐患。基于此，很有必要从高校的视角，将研究落脚在微观个体层次，对产学研合作与高校学者学术绩效提升的关系路径进行剖析，这将对高校科研团队发展和大学原始创新能力提升产生一定的积极影响。

本书以我国华东、华南和华北等 7 个地区的部分高校工科领域的 360 位科研团队的学者为研究对象，以自我决定理论、社会网络理论和人—组织匹配理论等为理论基础，构建了产学研合作动机、合作行为和学术绩效之间的概念理论模型，并综合运用了文献研究法、探索性多案例研究法、问卷调查法、实证研究法和模糊集定性比较方法等，并对相关研究假设进行了统计检验。围绕为什么参与产学研合作、怎么做以及参与产学研合作带来的学术绩效结果怎么样的逻辑，本书明确回答"高校科研团队的学者是如何基于异质性的产学研合作动机去选择不同的合作行为，进而最终实现学术绩效最大化？"这一核心问题。主要研究发现如下所示。

（1）从心理学视角将校科研团队学者的产学研合作动机划分为三类：资助动机、学习动机和使命动机，不同动机驱动下的产学研合作对学术绩效影响存在差异性。

基于系统的文献研究回顾和翔实的多案例实践材料，本研究将高校科研团队学者的产学研合作动机划分为三类（资助动机、学习动机和使命动机）并形成了测度量表。基于自我决定理论的认识，资助动机属于外部动机，而使命动机属于内部动机，学习动机介于二者之间。异质性合作动机下的高校学者对其学术绩效的影响存在差异性，不同动机下的高校学者参与产学研合作存在不同的需要，对个人自身定位的认识存在差异，并存在不同的行为控制感知类型，具体表现在：①资助动机下的学者更多是"经济人"特征，对外部奖励有较高的需求，更容易受到资助方的外部控制和影响。在资助动机驱使下的合作更倾向于应用研究和短期合作，容易受到合作企业的影响，因此，资助动机对高校科研团队学者的学术绩效存在负向的影响，这一结论受到大样本调查数据的支持。②学习动机下的学者更多是"社会人"特征，对社会交流关系有较高的需求，认同产学研合作带来的价值，个体的行为受到部分内部控制的影响。在学习动机驱使下的合作更倾向于研究驱动型的合作，这类合作始终围绕高校科研团队学者的研究主题范围内开展合作，因此，学习动机对高校科研团队学者的学术绩效存在正向的影响，这一结论同样受到大样本调查数据的支持。③使命动机下的学者更多是"自我实现人"特征，对自我价值的实现有较高的需求，参与产学研合作行为不受外部环境的影响，完全是自发行为，属于内部控制的影响。在使命动机驱使下的合作更倾向于科研成果产业化的合作，具有巴斯德象限的特征，高校学者在这类合作上的努力会促进知识存量的提升，实现对学术绩效的反哺效应，然而这一正向影响作用并未得到大样本调查数据的支持，可能存在的原因在于一些学者即使是受到使命动机驱动下开展产学研合作，但学者对使命的认识存在偏差，导致使命定位相对较低，更多地在解决企业的实际问题，尚未形成以公有知识创造的高层次使命。

（2）从行为过程视角将校科研团队学者的产学研合作行为划分为两类，个体自身维度下的资源投入行为和个体与环境交互维度下的伙伴匹配行为，不同维度行为下的学术绩效影响存在差异性。

从行为过程视角将高校科研团队学者的产学研合作行为分解为两个维度：个体自身维度下的资源投入行为和含个体与环境交互维度的伙伴匹配行为，前者侧重于个体对产学研合作的努力行为，后者侧重于个体选择合适的合作伙伴行为，这样的维度划分更符合社会认知理论的认识，因为既考虑了个体的特征，也考虑了个体与环境交互的特征，使合作行为的认识更全面。为了更好地认识伙伴匹配行为，基于人—组织匹配理论的认识，将伙伴匹配划分为互补性伙伴匹配和一致性伙伴匹配，前者更侧重资源、知识和能力的互补，而后者更侧重目标、价值观和规范的兼容。个体与环境交互维度下的伙伴匹配行为对学术绩效存在正向的影响效应，伙伴匹配越高，潜在的合作伙伴的价值越高，然而大样本调查数据支持了互补性伙伴匹配对学术绩效的正向影响作用，而一致性伙伴匹配并未得到支持，可能的解释是一致性伙伴匹配更多的是影响资源投入的因素，主要作用于产学研合作的前期阶段，对后期阶段的影响不明显。个体自身维度下的产学研合作资源投入行为对学术绩效的影响存在倒"U"型的关系，当资源投入不足时，学者与合作企业之间形成的是弱关系嵌入网络，双方交互频率低下，合作层次较浅，尚未形成产学研合作对学术绩效的溢出效应；当资源投入过多时，学者与合作企业之间形成的是强关系嵌入网络，合作交流频繁，对于学者而言不仅容易形成对合作企业的资源依赖，而且需要花费大量的额外时间和精力来维系强关系网络的持续，会挤出其在基础研究上的时间和精力，形成了产学研合作对学术绩效的挤出效应。因此，适度的资源投入对于高校学者的学术绩效提升更有帮助。

（3）搭建了"合作动机是起点，资源投入是中介，伙伴匹配是调节，学术绩效是目标"的概念理论框架，打开了产学研合作影响高校科研团队学者学术绩效的"黑箱"。

本研究将"动机—行为—绩效"的经典框架运用在高校产学研合作创新领域，延伸了该理论框架的认识，明确回答了异质性的高校科研团队学者如何通过产学研合作反哺学术研究的路径。合作动机是起点，资源投入是中介效应，伙伴匹配是调节效应，学术绩效是目标，是本研究的核心概念理论框架。在产学研合作过程中，适度的资源投入行为是保障学术绩效提升的基础，而在合作的前阶段，一致性伙伴匹配（"两情相悦"）和互补性伙伴匹配（"门当户对"）对于不同类型合作动机的学者进行产学研合作资源投入的影响存在差异性，而在合作的后阶段，对于高校的学者而言，选择越是"门当户对"的合作伙伴，对学术绩效的提升越有帮助。

具体而言，在产学研合作形成前阶段，受资助动机驱动的学者在高的互补性伙伴匹配情境下会降低资源的投入，降低对企业资源的依赖，相反，在高的一致性伙伴匹配情境下会增大资源的投入，加大对企业资源依赖的风险；受学习动机驱动的学者在高的互补性伙伴匹配情境下会增大资源的投入，而一致性伙伴匹配的调节效应不显著；受使命动机驱动的学者在高的一致性伙伴匹配情境下会降低资源的投入，而互补性伙伴匹配的调节效应不显著。在产学研合作形成后阶段，资源投入对学术绩效的倒"U"型关系主要受到互补性伙伴匹配的正向调节作用，而一致性伙伴匹配的调节效应不显著。

（4）从合作动机——行为匹配的视角凝练了6个前因条件对学者学术绩效的组态效应路径，产生高学术绩效的10种适配组态进一步可以总结为4种核心模式。

4 种核心模式分别是学习驱动——门当户对型、学习驱动——两情相悦型、使命驱动——门当户对型和资助驱动——两情相悦型。在学术生产力维度下，学习驱动——门当户对型、学习驱动——两情相悦型、使命驱动——门当户对型是核心驱动模式，在后两种模式中，还需要学者在产学研合作中投入大量的资源；在学术影响力维度下，学习驱动——两情相悦型、使命驱动——门当户对型和资助驱动——两情相悦型是核心驱动模式，在资助动机驱动下的产学研合作，学者不进行资源的大量投入更容易促进学术影响力的提升。对比分析发现，在学习动机或使命动机驱动下的学者与"门当户对"的企业开展产学研合作的过程中进行高的资源投入让学者更容易提升学术生产力；在学习动机或资助动机驱动下的学者与"两情相悦"的企业开展产学研合作，并且在资助动机存在的情况下不进行大量的产学研合作资源投入，更容易提升学术影响力。

第二节　管理启示和政策建议

本研究针对当前我国大学产学研合作的现实情境，对高校科研团队学者产学研合作动机、合作行为与学术绩效的关系进行系统研究，研究发现丰富了现有大学产学研合作理论研究和拓展了"动机—行为—绩效"的经典框架在合作创新研究领域的认识，为我国高校组织参与产学研合作和科技政策制定提供了理论和现实指导，具体启示和政策建议如下所示。

（1）对于高校学者发展而言，需要正确地认识到产学研合作的价值和产学研合作带来的负面影响，并且厘清产学研合作与个人职业发展的关系。参与产学研合作可以为学者带来很多好处，如提供一定的财务补偿、为和产业界进行思想和经验交流提供通道、给学生提供现场的学习机会、为解决企业的问题提供机会、将自己的科研成果进行产业化提供可能。但是产学研合作也可能会给学者带来一些问题，如"保密问题"和"研究倾斜问题"。因此，对于高校学者而言，产学研合作并不是越多越好，也并非所有上门寻求合作的企业都来者不拒。尤其是在职业生涯早期的学者，过多地参与产学研合作可能弊大于利。在有限的资源约束下，高校学者需要在科学活动和商业活动之间有效地配置自己的时间和精力使绩效最大化。除此之外，选择"两情相悦"的企业合作伙伴和"门当户对"的企业合作伙伴是产学研合作成功的关键因素之一，也是实现产学研合作对学术研究反哺的有力抓手。

（2）对于高校科研团队发展而言，明确科研团队的定位和发展方向，建立健全的科研团队的学术激励和商业激励机制。目前我国高校科研团队大多数是项目制或师徒制的团队形式，因此很多团队为了获得经费支持便去寻求企业的合作，来维持团队的发展，而大团队则不存在资源缺乏的困扰，但是却存在团队内部发展的管理问题，团队成员多，势必科研方向纷杂，想要拧成一股绳，形成合力也非容易之事。因此，这对于科研团队的带头人来说，自身既需要有较强的能力，又需要具备长期发展的价值观。科学的发展需要与应用研究形成良性的互动，否则容易出现科研团队的研究成果被束之高阁的窘境，同时科研团队也不应该成为企业技术创新的"动力泵"，尤其是双一流大学和具有双一流学科的大学科研团队，这类型的科研团队需要树立正确和长期发展的价值观，以致力于巴斯德象限研究和突破原始性创新为目标，而不是盲目地去追求产学研合作项目进而忽视了基础科研。另外，科研团队需要建立完善的激励机制，学术激励和商业激励并存，结合团队个人需求，最大限度发挥各自的能力，促进科研团队整体的蓬勃发展。

（3）对于高校组织发展而言，尤其是工科类的重点大学，工科领域的研究固然需要与产业形成紧密的联系，但由于企业的商业利益和高校组织的目标存在冲突，如果高校过度将科研资源聚焦在产学研合作上，对于高校知识创造这一本质目标可能会产生一定的负面影响。在现实实践中，企业更愿意选择和一流的大学合作，而企业合作的动机是想获取高校的人才和技术来解决企业的实际问题，这样可能会牵引一流大学的研究向产品技术层面下移，大学创造的知识更多地成为企业专有知识，而减少了知识的公共属性，这侵蚀了大学创造知识的目标。基于此，对于高校组织发展给出以下三点对策：首先，不同类型的高校应该结合学校的定位目标，审慎地参与产学研合作，一流的大学应和能力相匹配的企业（如行业龙头）开展高层次的合作；其次，高校需对不同学科采取不同的评估和考核，必要时候需要采取一定的鼓励和引导措施，积极引导和规范高校开展产学研合作，促进高校教学、科研和为地方经济发展三大使命之间的均衡式发展；最后，高校要建立承接科研团队及其成员的科研成果产业化的机制，有效地激励教师向高校披露发明，既可以激发科研成果市场价值的发现，还有助于分担产业化的投入和风险，提高产业化成功的可能性，让教师有更多的资源放在知识创造和人才培养活动上。

（4）学习动机或使命动机驱动下与"门当户对"的企业深度合作方能让高校科研团队学者在科学研究领域始终占上游。在产学研合作过程中，高校科研团队学者选择创新能力相当、能够提供互补性资源和知识的企业作为合作伙伴，对于学习动机驱动下的学者而言，更有利于在合作中进行有效的交流和学习，使该类型的学者在过程中吸收对个人科学研究有用的知识进而反哺科学研究的进步。而对于在使命动机驱动下的学者而言，更有利于在合作中有效分工，使学者的研究既有应用研究的潜在价值，又有推动基础科学的理论价值。使命动机或资助动机驱动下与"两情相悦"的企业不过度合作有助于高校科研团队学者在科学研究领域享有长青地位。"两情相悦"的企业合作伙伴能够在合作目标、长期价值观和认可制度规范方面保持一致性，这有助于使命动机驱动下的高校科研团队学者在合作企业的支持下，坚定将科研成果转化的信心和决心，企业关心学者的科研需求，允许通过发表的形式让科研成果得到扩散，这对于学者提升其学术影响力产生显著的效应。而对于在资助动机驱动下的学者而言，不过度的与"两情相悦"的企业开展合作能够有效地促进学术影响力，这与杨小婉等（2021）提出的命题"资助动机对学术绩效呈负向相关关系"存异，其可能的原因是该研究中并未综合考虑多因素的复杂影响效应，而实际上卡拉特等（Callaert et al.，2015）的研究提出产学研合作为学者带来了更多的项目研究经费，其对于学者的科学研究提升产生正向的影响，但在合作的资源投入上需要考虑度的问题。

本研究的启示主要在于：第一，健全和落实大学技术转移办公室（TTO）制度，激励高校学者积极将有应用价值的科研成果转交给TTO，由专业机构集中力量开展产业化，让高校学者有更充沛的资源投入科学研究事业中；第二，优化创新资源配置，鼓励企业提高技术创新能力，增强企业的吸收能力有助于减小企业和大学之间的能力势差，提高合作伙伴关系的匹配度，是促进大学产学研合作效率提升的另一条重要路径。

参 考 文 献

[1] 暴占光，张向葵. 自我决定认知动机理论研究概述 [J]. 东北师大学报（哲学社会科学版），2005（6）：141-146.

[2] 蔡翔，郭冠妍，张光萍. 国外关于人—组织匹配理论的研究综述 [J]. 工业技术经济，2007，26（9）：142-145.

[3] 蔡珍红. 知识位势、隐性知识分享与科研团队激励 [J]. 科研管理，2012，33（4）：108-115.

[4] 陈艾华，Donald P.，Martin K. 中国大学技术转移前沿理论动态：学术背景与理论焦点 [J]. 科学学与科学技术管理，2017，38（4）：18-25.

[5] 陈彩虹. 产学研合作网络与学者绩效关系研究 [D]. 广州：华南理工大学，2015.

[6] 陈彩虹，朱桂龙. 产学研合作中社会资本对学者绩效的影响研究 [J]. 科学学与科学技术管理，2014，35（10）：85-93.

[7] 陈家昌，赵澄谋. 知识异质性与知识创造：认知冲突的中介作用 [J]. 情报杂志，2016，35（4）：43-74.

[8] 陈晓萍，徐淑英，樊景立. 组织与管理研究的实证方法 [M]. 北京：北京大学出版社，2012.

[9] 陈悦，宋超，徐芳. 我国"科学—技术—经济"产出的动态关系测度研究：基于"科学—技术"交互的视角 [J]. 科研管理，2019，40（1）：14-23.

[10] 程强. 产学研伙伴异质性对企业合作创新绩效的影响研究 [D].

广州：华南理工大学，2015.

[11] 戴勇，胡明溥．产学研伙伴异质性对知识共享的影响及机制研究 [J]．科学学与科学技术管理，2016，37（6）：66-79.

[12] 党兴华，李玲，张巍．技术创新网络中企业间依赖与合作动机对企业合作行为的影响研究 [J]．预测，2010，29（5）：37-41.

[13] 邓修权，康云鹏，席俊锋，等．高校科研团队资源能力模型构建及其应用研究 [J]．科学学研究，2012，30（1）：102-110.

[14] 刁丽琳，朱桂龙，许治．国外产学研合作研究述评、展望与启示 [J]．外国经济与管理，2011，33（2）：48-57.

[15] 董美玲．中美高校与企业合作的动因、方式、成效和环境的比较研究 [J]．研究与发展管理，2012，24（4）：113-121.

[16] 杜运周，贾良定．组态视角与定性比较分析（QCA）：管理学研究的一条新道路 [J]．管理世界，2017（6）：155-167.

[17] 樊霞，陈丽明，刘炜．产学研合作对企业创新绩效影响的倾向得分估计研究：广东省部产学研合作实证 [J]．科学学与科学技术管理，2013，34（2）：63-69.

[18] 方杰，温忠麟．基于结构方程模型的有调节的中介效应分析 [J]．心理科学，2018，41（2）：453-458.

[19] 风笑天．社会调查中的问卷设计（第三版）[M]．北京：中国人民大学出版社，2014.

[20] 风笑天．透视社会的艺术：社会调查中的问卷设计 [M]．天津：天津人民出版社，1990.

[21] 冯海燕．高校科研团队创新能力绩效考核管理研究 [J]．科研管理，2015，36（3）：32-34.

[22] 高杰，丁云龙，郑作龙．中国创新研究群体合作网络的形成与演化机理研究：科学共同体视阈下优秀创新群体案例分析 [J]．管理评论，2018，30（3）：248-263.

[23] 高杰，丁云龙．中国创新研究群体的深层合作机制研究 [J]．公共管理学报，2018，15（3）：78 - 90.

[24] 高鹏，张凌，汤超颖，等．信任与建设性争辩对科研团队创造力影响的实证研究 [J]．中国管理科学，2008（s1）：561 - 565.

[25] 高少冲，丁荣贵．首席专家项目匹配度、组织网络特征与协同创新绩效 [J]．科学学研究，2018，36（9）：1615 - 1622.

[26] 海本禄．大学科研人员合作研究参与意愿的实证研究 [J]．科学学研究，2013，31（4）：578 - 584.

[27] 何郁冰，张迎春．网络嵌入性对产学研知识协同绩效的影响 [J]．科学学研究，2017（9）：118 - 130.

[28] 贺一堂，谢富纪，陈红军．产学研合作创新利益分配的激励机制研究 [J]．系统工程理论与实践，2017，37（9）：2244 - 2255.

[29] 侯二秀，秦蓉，雍华中．基于扎根理论的科研团队创新绩效影响因素研究 [J]．中国管理科学，2016，24：868 - 874.

[30] 胡冬雪，陈强．促进我国产学研合作的法律对策研究 [J]．中国软科学，2013（2）：154 - 174.

[31] 胡国平，陈卓，秦鑫．高校教师参与产学研合作的两阶段模型及实证研究 [J]．研究与发展管理，2016，28（1）：112 - 120.

[32] 胡刃锋．产学研协同创新隐性知识共享影响因素及运行机制研究 [D]．长春：吉林大学，2015.

[33] 胡振华，李咏侠．基于方向型和交易型障碍的校企合作影响因素的实证研究 [J]．预测，2012，31（3）：48 - 58.

[34] 黄波，孟卫东，皮星．基于双边道德风险的研发外包激励机制设计 [J]．管理工程学报，2011，25（2）：178 - 185.

[35] 黄江明，李亮，王伟．案例研究：从好的故事到好的理论：中国企业管理案例与理论构建研究论坛（2010）综述 [J]．管理世界，2011（2）：118 - 126.

［36］黄菁菁，原毅军．基于倾向得分匹配模型的产学研合作与企业创新绩效研究［J］．研究与发展管理，2018，30（2）：1-9．

［37］黄攸立，薛婷，周宏．学术创业背景下学者角色认同演变模式研究［J］．管理学报，2013，10（3）：438-443．

［38］J. P. 霍斯顿．动机心理学［M］．孟继群，等译．沈阳：辽宁人民出版社，1990．

［39］嵇留洋，孟庆峰，张成华．考虑公平偏好的产学研合作资源投入行为演化研究［J］．统计与决策，2018，14：177-181．

［40］蒋白赟佶．个人—组织匹配对个人创新的影响：组织发展阶段的调节作用［D］．金华：浙江师范大学，2017．

［41］蒋日富，霍国庆，谭红军，等．科研团队知识创新绩效影响要素研究：基于我国国立科研机构的调查分析［J］．科学学研究，2007，25（2）：364-372．

［42］景临英，薛耀文，李亨英，等．基于不同心理与需求的校企合作博弈研究［J］．科学学研究，2008，10（26）：171-177．

［43］库尔特·勒温．汉译世界学术名著丛书：拓扑心理学原理［M］．北京：商务印书馆，2004．

［44］李成龙，叶磊．互动视角的产学研合作模式与合作过程研究［J］．科技进步与对策，2011，28（24）：30-33．

［45］李健，金占明．战略联盟伙伴选择、竞合关系与联盟绩效研究［J］．科学学与科学技术管理，2007，28（11）：161-166．

［46］李梅芳，刘国新，刘璐．企业与高校参与产学研合作的实证比较研究：合作内容、水平与模式［J］．研究与发展管理，2011，23（4）：113-118．

［47］李平，刘利利．外部资助是否提升了中国高校科研效率［J］．科技进步与对策，2015，32（18）：10-16．

［48］李盛竹，付小红．促进知识互补效应的我国产学研合作科研创

新激励机制研究［J］．科学管理研究，2014，32（3）：52-55．

［49］李小宁，田大山．非营利科研组织的激励机制［J］．中国科技论坛，2003（4）：70-73．

［50］李印平，夏火松，鲁耀斌．基于知识治理视角的国内大学知识共享研究［J］．科研管理，2016，37（4）：126-135．

［51］李梓涵昕，朱桂龙．产学研合作中的主体差异性对知识转移的影响研究［J］．科学学研究，2019，37（2）：320-328．

［52］林明，任浩．技术合作网络与个体行动者探索式创新行为的内在联系机理：以宁波江北仪器仪表集群技术合作网络为例［J］．预测，2013，32（1）：31-36．

［53］刘春艳，王伟．面向协同创新的产学研知识转移研究现状及展望［J］．科技进步与对策，2014，31（17）：156-160．

［54］刘凤朝，马荣康，姜楠．基于"985高校"的产学研专利合作网络演化路径研究［J］．中国软科学，2011（7）：178-192．

［55］刘慧．高校创新团队绩效影响因素及评价研究［D］．天津：天津大学，2014．

［56］刘京，周丹，陈兴．大学科研人员参与产学知识转移的影响因素：基于我国行业特色型大学的实证研究［J］．科学学研究，2018，36（2）：279-287．

［57］刘克寅，宣勇，池仁勇．校企合作创新的协调失灵、再匹配与发展机制：基于省际校企合作创新的面板数据分析［J］．科研管理，2015，36（10）：35-43．

［58］刘林青，吴汉勋，齐振远．基于悖论思想解决技术商业化难题：以杨代常的学术—创业历程为例［J］．科技进步与对策，2015，32（22）：51-60．

［59］刘晓君，王萌萌．技术应用开发阶段科研机构合作创新行为激励机制研究［J］．科技进步与对策，2013，30（24）：13-16．

[60] 刘笑，陈强．产学合作数量与学术创新绩效关系 [J]．科技进步与对策，2017，34（20）：51－56．

[61] 刘岩芳，张庆普，韩晓琳．研究型大学与企业间知识转移主要障碍因素及对策研究 [J]．预测，2010，29（4）：42－46．

[62] 刘勇，菅利荣，赵焕焕，等．基于双重努力的产学研协同创新价值链利润分配模型 [J]．研究与发展管理，2015，27（1）：24－34．

[63] 刘云，王刚波，白旭．我国科研创新团队发展状况的调查与评估 [J]．科研管理，2018，39（6）：159－168．

[64] 刘则渊，陈悦．新巴斯德象限：高科技政策的新范式 [J]．管理学报，2007，4（3）：346－353．

[65] 刘追，池国栋．员工志愿行为的过程机理研究：基于"动机—行为—结果"动态性视角的案例研究 [J]．中国人力资源开发，2019，36（1）：140－153．

[66] 罗琳，魏奇锋，顾新．产学研协同创新的知识协同影响因素实证研究 [J]．科学学研究，2017，35（10）：129－139．

[67] 马蓝，安立仁．合作动机对企业合作创新绩效的影响机制研究：感知政府支持情境的调节中介作用 [J]．预测，2016，35（3）：13－18．

[68] 马蓝．企业间知识合作动机、合作行为与合作创新绩效的关系研究 [D]．西安：西北大学，2016．

[69] 马庆国．管理统计：数据获取、统计原理、SPSS 工具与应用研究 [M]．北京：科学出版社，2002．

[70] 马卫华．产学研合作对高校学术团队核心能力作用机理研究 [D]．广州：华南理工大学，2011．

[71] 马卫华，刘佳，樊霞．产学研合作对学术团队建设影响的实证研究：团队特征差异的调节效应检验 [J]．管理工程学报，2012，26（2）：42－47．

[72] 马文聪，叶阳平，徐梦丹，等．"两情相悦"还是"门当户

对"：产学研合作伙伴匹配性及其对知识共享和合作绩效的影响机制 [J].
南开管理评论，2018，21（6）：95 - 106.

[73] 梅姝娥，仲伟俊. 我国高校科技成果转化障碍因素分析 [J]. 科
学学与科学技术管理，2008，29（3）：22 - 27.

[74] 孟亮. 基于自我决定理论的任务设计与个体的内在动机：认知
神经科学视角的实证研究 [D]. 杭州：浙江大学，2016.

[75] 牟莉莉. 高技术企业专利申请动机、行为与绩效关系研究 [D].
大连：大连理工大学，2011.

[76] 裴云龙，蔡虹，向希尧. 产学学术合作对企业创新绩效的影响：
桥接科学家的中介作用 [J]. 科学学研究，2011，29（12）：1914 - 1920.

[77] 秦玮，徐飞. 产学联盟绩效的影响因素分析：一个基于动机和行
为视角的整合模型 [J]. 科学学与科学技术管理，2011，32（6）：12 - 18.

[78] 秦玮，徐飞. 产学研联盟动机、合作行为与联盟绩效 [J]. 科技
管理研究，2014（8）：107 - 111.

[79] 沈校亮，厉洋军. 虚拟品牌社区知识贡献意愿研究：基于动机
和匹配的整合视角 [J]. 管理评论，2018，30（10）：84 - 96.

[80] 石兴国，安文，姜磊. 组织行为学：以人为本的管理 [M]. 北
京：电子工业出版社，2005.

[81] 史蒂文·麦克沙恩，玛丽·安·冯·格里诺. 组织行为学（第
三版）[M]. 北京：中国人民大学出版社，2007.

[82] 宋志红，郭艳新，李冬梅. 科学基金资助提高科研产出了吗?：
基于倾向得分分层法的实证研究 [J]. 科学学研究，2016，34（1）：116 -
121.

[83] 苏晓华，陈嘉茵，张书军，等. 求财还是求乐?：创业动机、决
策逻辑与创业绩效关系的探索式研究 [J]. 科学学与科学技术管理，2018，
39（2）：116 - 129.

[84] 孙海法，刘运国，方琳. 案例研究的方法论 [J]. 科研管理，

2004, 25（2）: 107 –112.

［85］孙红侠, 李仕明. 并行研发联盟中合作伙伴资源投入决策分析 ［J］. 预测, 2005, 24（2）: 42 –45.

［86］孙杰. 基于动因匹配的产学研合作主体行为与绩效研究 ［D］. 广州: 华南理工大学, 2016.

［87］孙晓雅, 陈娟娟. 创新网络关系强度与创新模式关系的研究综 述 ［J］. 技术与创新管理, 2016（2）: 134 –140.

［88］汤超颖, 刘洋, 王天辉. 科研团队魅力型领导、团队认同和创造 性绩效的关系研究 ［J］. 科学学与科学技术管理, 2012, 33（10）: 155 – 162.

［89］唐朝永, 陈万明, 彭灿. 社会资本、失败学习与科研团队创新 绩效 ［J］. 科学学研究, 2014, 32（7）: 1096 –1105.

［90］唐丽艳, 刘旭华, 王国红, 等. 企业资源依赖性与合作创新行 为的关系研究 ［J］. 运筹与管理, 2017, 26（2）: 165 –172.

［91］王帆. 文科长江学者特聘教授晋升与学术绩效间的关系研究 ［J］. 复旦教育论坛, 2018, 16（5）: 76 –82.

［92］王健, 张韵君. 高校产学专利合作率的共性与差异分析: 基于 理工大学的合作专利数据 ［J］. 研究与发展管理, 2016, 28（2）: 122 – 128.

［93］王培林, 陈芳. 产学研隐性知识转移的 RMT 模式研究 ［J］. 科 技进步与对策, 2015（4）: 129 –133.

［94］王文华, 张卓, 蔡瑞林. 开放式创新组织间协同管理影响知识 协同效应研究 ［J］. 研究与发展管理, 2018, 30（5）: 42 –52.

［95］王仙雅, 林盛, 陈立芸. 科研压力对科研绩效的影响机制研究: 学术氛围与情绪智力的调节作用 ［J］. 科学学研究, 2013, 31（10）: 1564 – 1571.

［96］王晓红, 张奔. 校企合作与高校科研绩效: 高校类型的调节作

用 [J]. 科研管理, 2018, 39 (2): 135 – 142.

[97] 王晓科. 基于不同人性假设的知识共享研究理论述评 [J]. 管理学报, 2013, 10 (5): 775 – 780.

[98] 王玉冬, 武川, 徐玉莲. 高新技术企业 R&D 联盟伙伴匹配性分形评价研究 [J]. 科技进步与对策, 2017, 34 (5): 112 – 120.

[99] 危怀安, 胡艳辉. 自主创新能力演化中的科研团队作用机理: 基于 SKL 科研团队生命周期的视角 [J]. 科学学研究, 2012, 30 (1): 94 – 101.

[100] 温珂, 苏宏宇, Scott Stern. 走进巴斯德象限: 中科院的论文发表与专利申请 [J]. 中国软科学, 2016 (11): 32 – 43.

[101] 温忠麟, 侯杰泰, 马什赫伯特. 结构方程模型检验: 拟合指数与卡方准则 [J]. 心理学报, 2004, 36 (2): 186 – 194.

[102] 吴洁. 产学研合作中高校知识转移的超循环模型及作用研究 [J]. 研究与发展管理, 2007, 19 (4): 119 – 123.

[103] 吴明隆. 结构方程模型: AMOS 的操作与应用. 第 2 版 [M]. 重庆: 重庆大学出版社, 2010.

[104] 吴绍棠, 李燕萍. 产学研合作衍生的人才开发模式及比较研究: 基于界面管理视角 [J]. 科技进步与对策, 2014 (3): 144 – 148.

[105] 吴伟伟, 刘业鑫, 刘康佳. 人—组织匹配对创新行为的内在影响机制研究 [J]. 工业技术经济, 2017 (12): 65 – 70.

[106] 吴悦, 顾新. 产学研协同创新的知识协同过程研究 [J]. 中国科技论坛, 2012 (10): 17 – 23.

[107] 夏丽娟, 谢富纪, 王海花. 制度邻近、技术邻近与产学协同创新绩效: 基于产学联合作专利数据的研究 [J]. 科学学研究, 2017 (5): 145 – 154.

[108] 夏清华, 宋慧. 基于内容分析法的国内外学者创业动机研究 [J]. 管理学报, 2011, 8 (8): 1190 – 1194.

[109] 夏云霞，徐涛，翟康，等．研究所科研团队绩效评价的探索与实践 [J]．科研管理，2017（1）：510－514．

[110] 肖丁丁，朱桂龙．高校科研团队核心能力构建研究：以团队心智模型为中介变量 [J]．科学学与科学技术管理，2012，33（1）：173－180．

[111] 谢园园，梅姝娥，仲伟俊．产学研合作行为及模式选择影响因素的实证研究 [J]．科学学与科学技术管理，2011，32（3）：35－43．

[112] 徐梦丹．产学研伙伴匹配性、知识共享与合作绩效的关系研究 [D]．广州：华南理工大学，2018．

[113] 徐雨森，蒋杰．基于界面管理视角的紧密型校企合作模式实现机理研究：以大连理工大学校企合作研究院为例 [J]．研究与发展管理，2010，22（4）：69－75．

[114] 许春．基于 91 所重点高校学术研究与应用研究关系的实证分析 [J]．研究与发展管理，2013，25（3）：106－116．

[115] 许治，陈丽玉，王思卉．高校科研团队合作程度影响因素研究 [J]．科研管理，2015，36（5）：149－161．

[116] 薛卫，曹建国，易难，等．企业与大学技术合作的绩效：基于合作治理视角的实证研究 [J]．中国软科学，2010（3）：120－132．

[117] 严敏，严玲，邓娇娇．行业惯例、关系规范与合作行为：基于建设项目组织的研究 [J]．华东经济管理，2015，29（8）：165－174．

[118] 杨陈，唐明凤．团队断裂带对团队创新绩效的作用机理研究 [J]．科学学与科学技术管理，2017（3）：174－182．

[119] 杨英．人—组织匹配、心理授权与员工创新行为关系研究 [D]．长春：吉林大学，2011．

[120] 杨小婉，朱桂龙，吕凤雯，等．产学研合作如何提升高校科研团队学者的学术绩效？：基于行为视角的多案例研究 [J]．管理评论，2021，33（2）：338－352．

[121] 姚飞. 学者向创业者转型过程释意的多案例研究 [J]. 南开管理评论, 2013, 16 (1): 138 – 148.

[122] 姚艳虹, 周惠平. 产学研协同创新中知识创造系统动力学分析 [J]. 科技进步与对策, 2015, 32 (4): 110 – 116.

[123] 于海云, 赵增耀, 李晓钟, 等. 创新动机对民营企业创新绩效的作用及机制研究: 自我决定理论的调节中介模型 [J]. 预测, 2015, 34 (2): 7 – 13.

[124] 于洋, 黄忠德, 于淼. 高校科技创新团队建设的思考及政策建议 [J]. 研究与发展管理, 2014, 26 (2): 129 – 132.

[125] 于娱, 施琴芬, 朱卫未. 高校科研团队内部隐性知识共享绩效实证研究 [J]. 科学学与科学技术管理, 2014 (1): 27.

[126] 袁康, 汤超颖, 李美智, 等. 导师合著网络对博士生科研产出的影响 [J]. 管理评论, 2016, 28 (9): 228 – 237.

[127] 占侃, 孙俊华. 江苏高校校企合作研究: 基于社会网络分析的视角 [J]. 科研管理, 2016, 37 (10): 146 – 152.

[128] 张爱卿. 论人类行为的动机: 一种新的动机理论构理 [J]. 华东师范大学学报: 教育科学版, 1996 (1): 71 – 80.

[129] 张闯. 管理学研究中的社会网络范式: 基于研究方法视角的 12 个管理学顶级期刊 (2001 ~ 2010) 文献研究 [J]. 管理世界, 2011 (7): 154 – 163.

[130] 张德. 组织行为学 (第四版) [M]. 北京: 高等教育出版社, 2011.

[131] 张慧颖, 连晓庆. 制度作用下大学科研人员产学合作模式选择的扎根研究 [J]. 科学学与科学技术管理, 2015, 36 (3): 163 – 171.

[132] 张佳良, 刘军. 个人—组织匹配: 文献评述与研究展望 [J]. 现代管理科学, 2018 (1): 5 – 7.

[133] 张剑, 郭德俊. 内部动机与外部动机的关系 [J]. 心理科学进

展，2003，11（5）：545-550.

[134] 张利斌，张鹏程，王豪．关系嵌入、结构嵌入与知识整合效能：人—环境匹配视角的分析框架 [J]．科学学与科学技术管理，2012，33（5）：78-83.

[135] 张艺．产学研合作网络对科研团队学术绩效的影响研究 [D]．广州：华南理工大学，2017.

[136] 张艺，陈凯华，朱桂龙．学研机构科研团队参与产学研合作有助于提升学术绩效吗？ [J]．科学学与科学技术管理，2018（a），39（10）：125-137.

[137] 张艺，龙明莲，朱桂龙．产学研合作网络对学研机构科研团队学术绩效的影响路径研究 [J]．管理学报，2018（b），15（10）：67-74.

[138] 张艺，龙明莲，朱桂龙．科研团队参与产学研合作对学术绩效的影响路径研究 [J]．外国经济与管理，2018（c），40（12）：71-83.

[139] 章凯．动机的自组织目标理论及其管理学蕴涵 [J]．中国人民大学学报，2003（2）：109-114.

[140] 赵斌，韩盼盼．基于扎根理论的员工主动创新行为双路径产生机制研究 [J]．管理学报，2016，13（7）：1003-1011.

[141] 赵斌，朱朋，李新建．促进还是抑制：科技人员外部目标追求对创新绩效影响研究 [J]．管理工程学报，2018，32（1）：51-59.

[142] 赵岑，姜彦福．中国企业战略联盟伙伴特征匹配标准实证研究 [J]．科学学研究，2010，28（4）：558-565.

[143] 赵胜超，曾德明，罗侦．产学研科学与技术合作对企业创新的影响研究：基于数量与质量视角 [J]．科学学与科学技术管理，2020，41（1）：33-48.

[144] 赵文红，樊柳莹．高校教师专利发明影响因素的实证研究：动机的中介作用 [J]．科学学研究，2010，28（1）：33-39.

[145] 赵延东，洪伟．承担企业科研项目给科研人员带来了什么？

[J]. 科研管理, 2015, 36 (12): 19 - 28.

[146] 赵志艳, 蔡建峰. 学科环境、部门学术质量与学者的产业参与行为 [J]. 科学学研究, 2018, 36 (1): 11 - 30.

[147] 郑景丽, 龙勇. 知识保护能力对联盟伙伴关系选择的影响: 基于不同联盟动机的分析 [J]. 科研管理, 2016, 37 (4): 102 - 109.

[148] 郑小勇, 楼鞅. 科研团队创新绩效的影响因素及其作用机理研究 [J]. 科学学研究, 2009, 27 (9): 1428 - 1438.

[149] 钟灿涛, 李君. 刍议我国研究型大学 "终身" 教授的科研绩效评价 [J]. 科研管理, 2009 (1): 94 - 99.

[150] 钟静. 基于企业视角的产学研合作动机对合作绩效的影响: 合作机制的中介作用 [D]. 南京: 南京工业大学, 2015.

[151] 钟卫. 合著数据表征的中国研究型大学产学研合作绩效评估 [J]. 科技进步与对策, 2016, 33 (14): 118 - 123.

[152] 周浩, 龙立荣. 共同方法偏差的统计检验与控制方法 [J]. 心理科学进展, 2004, 12 (6): 942.

[153] 周山明, 李建清. 研究型大学产学研机构建设的探索与实践 [J]. 研究与发展管理, 2014, 26 (6): 135 - 138.

[154] 朱桂龙, 杨小婉, 江志鹏. 层面—目标—工具三维框架下我国协同创新政策变迁研究 [J]. 科技进步与对策, 2018, 35 (13): 110 - 117.

[155] Aalbers R., Dolfsma W., Koppius O. Individual connectedness in innovation networks: On the role of individual motivation [J]. Research Policy, 2013, 42 (3): 624 - 634.

[156] Abreu M., Grinevich V. The nature of academic entrepreneurship in the UK: Widening the focus on entrepreneurial activities [J]. Research Policy, 2013, 42 (2): 408 - 422.

[157] Aguiar-Díaz, Inmaculada, Díaz-Díaz, Nieves Lidia, Ballesteros-

Rodríguez, José Luis, et al. University-industry relations and research group production: Is there a bidirectional relationship? [J]. Industrial and Corporate Change, 2015, 25 (4): 611 –632.

[158] Albert Banal-Estañol, Inés Macho-Stadler, David Pérez-Castrillo. Research output from university-industry collaborative projects [J]. Economic Development Quarterly, 2013, 27 (1): 71 –81.

[159] Albert Banal-Estañol, Jofre-Bonet M. , Lawson C. The double-edged sword of industry collaboration: Evidence from engineering academics in the UK [J]. Research Policy, 2015, 44 (6): 1160 –1175.

[160] Albert N. Link, Donald S. Siegel. Generating science-based growth: an econometric analysis of the impact of organizational incentives on university—industry technology transfer [J]. European Journal of Finance, 2005, 11 (3): 169 –181.

[161] Amy L. Kristof-Brown, Zimmerman R. D. , Johnson E. C. Consequences of individual's fit at work: A meta-analysis of person-job, person-organization, person-group, and person-supervisor Fit [J]. Personnel Psychology, 2005, 58 (2): 281 –342.

[162] Angeles R. , Nath R. Partner congruence in electronic data interchange (edi) -enabled relationships [J]. Journal of Business Logistics, 2001, 22 (2): 109 –127.

[163] Ankrah S. N. , Burgess T. F. , Grimshaw P. , Shaw N. E. Asking both university and industry actors about their engagement in knowledge transfer: What single-group studies of motives omit [J]. Technovation, 2013, 33 (2 –3): 50 –65.

[164] Arthur W. , Bell S. T. , Villado A. J. , et al. The use of person-organization fit in employment decision making: An assessment of its criterion-related validity [J]. Journal of Applied Psychology, 2006, 91 (4): 786 –801.

［165］ Arza V. , Carattoli M. Personal ties in university-industry linkages: A case-study from Argentina ［J］. The Journal of Technology Transfer, 2017, 42（4）: 814 – 840.

［166］ Aznarmárqez J. Interactive vs. non-interactive knowledge production by faculty members ［J］. Applied Economics, 2008, 40（10）: 1289 – 1297.

［167］ Balconi M. , Laboranti A. University-industry interactions in applied research: The case of microelectronics ［J］. Research Policy, 2006, 35（10）: 1616 – 1630.

［168］ Baldini N. Negative effects of university patenting: Myths and grounded evidence ［J］. Scientometrics, 2008, 75（2）: 289 – 311.

［169］ Banal-Estañol A. , Macho-Stadler, Inés, Pérez-Castrillo, David. Endogenous matching in university-industry collaboration: Theory and empirical evidence from the United Kingdom ［J］. Management Science, 2018, 64（4）: 1591 – 1608.

［170］ Barbieri E. , Rubini L. , Pollio C. , et al. What are the trade-offs of academic entrepreneurship?: An investigation on the Italian case ［J］. The Journal of Technology Transfer, 2018, 43（1）: 198 – 221.

［171］ Barletta F. , Yoguel G. , Pereira M. , et al. Exploring scientific productivity and transfer activities: Evidence from Argentinean ICT research groups ［J］. Research Policy, 2017, 46（8）: 1361 – 1369.

［172］ Barney J. B. Firm Resources and sustained competitive advantage ［J］. Advances in Strategic Management, 1991, 17（1）: 3 – 10.

［173］ Baron R. M. , Kenny D. A. The moderator-mediator variable distinction in social psychological research: Conceptual, strategic, and statistical considerations ［J］. Journal of Personality and Social Psychology, 1986, 51（6）: 1173 – 1182.

［174］ Beasley C. R. , Jason L. A. , Miller S. A. The general environment fit scale: A factor analysis and test of convergent construct validity [J]. Am J Community Psychol, 2012, 50 (1 – 2): 64 – 76.

[175] Beath J., Owen R. F., Poyagotheotoky J., et al. Optimal incentives for income-generation in universities: The rule of thumb for the Compton tax [J]. International Journal of Industrial Organization, 2003, 21 (9): 1301 – 1322.

[176] Beaudry C., Allaoui S. Impact of public and private research funding on scientific production: The case of nanotechnology [J]. Research Policy, 2012, 41 (9): 1589 – 1606.

[177] Bian Y. Bringing strong ties back in: Indirect ties, network bridges, and job searches in China [J]. American Sociological Review, 1997, 62 (3): 366 – 385.

[178] Blumenthal D., Causino N., Campbell E., et al. Relationships between academic institutions and industry in the life sciences: An industry survey [J]. New England Journal of Medicine, 1996, 334 (6): 368 – 374.

[179] Boardman P. C., Ponomariov B. L. University researchers working with private companies [J]. Technovation, 2009, 29 (2): 142 – 153.

[180] Bonaccorsi A., Piccaluga A. A theoretical framework for the evaluation of university-industry relationships [J]. R & D Management, 2010, 24 (3): 229 – 247.

[181] Boorman, Scott A. A Combinatiorial optimization model for transmission of job information through contact networks [J]. The Bell Journal of Economics, 1975, 6 (1): 216 – 249.

[182] Bozeman B., Fay D., Slade C. P. Research collaboration in universities and academic entrepreneurship: The-state-of-the-art [J]. Journal of Technology Transfer, 2013, 38 (1): 1 – 67.

[183] Bozeman B., Gaughan M. Impacts of grants and contracts on aca-

demic researchers' interactions with industry [J]. Research Policy, 2007, 36 (5): 694 – 707.

[184] Brass D. J. , Galaskiewicz J. , Greve H. R. , et al. Taking stock of networks and organizations: A multilevel perspective [J]. The Academy of Management Journal, 2004, 47 (6): 795 – 817.

[185] Brouthers K. D. , Brouthers L. E. , Wilkinson T. J. Strategic alliances: Choose your partners [J]. Long Range Planning, 1995, 28 (3): 18 – 25.

[186] Buenstorf G. Is commercialization good or bad for science?: Individual-level evidence from the Max Planck Society [J]. Research Policy, 2009, 38 (2): 281 – 292.

[187] Cable D. M. , Derue D. S. The convergent and discriminant validity of subjective fit perceptions [J]. Journal of Applied Psychology, 2002, 87 (5): 875 – 884.

[188] Calderini M. , Franzoni C. , Vezzulli A. If star scientists do not patent: The effect of productivity, basicness and impact on the decision to patent in the academic world [J]. Research Policy, 2007, 36 (3): 303 – 319.

[189] Callaert J. , Landoni P. , Van Looy B. , et al. Scientific yield from collaboration with industry: The relevance of researchers' strategic approaches [J]. Research Policy, 2015, 44 (4): 990 – 998.

[190] Callaert J. , Looy B. V. , Foray D. , et al. Combining the production and the valorization of academic research: A qualitative investigation of enacted mechanisms [J]. Ssrn Electronic Journal, 2007, 13 (13): 1 – 32.

[191] Cartwright S. , Cooper C. L. The role of culture compatibility in successful organizational marriage [J]. Academy of Management Perspectives, 1993, 7 (2): 57 – 70.

[192] Cohen W. M. , Nelson R. R. , Walsh J. P. Links and impacts: The

Influence of public research on industrial R&D [J]. Management Science, 2002, 48 (1): 1 – 23.

[193] Crespi G. , Pablo D'Este, Fontana R. , et al. The impact of academic patenting on university research and its transfer [J]. Research Policy, 2011, 40 (1): 55 – 68.

[194] Czarnitzki D. , Grimpe C. , Toole A. A. Delay and secrecy: Does industry sponsorship jeopardize disclosure of academic research? [J]. Industrial and Corporate Change, 2015, 24 (1): 251 – 279.

[195] Dasgupta Partha, Paul A. David. Toward a new economics of science [J]. Research Policy, 1994, 23 (5): 487 – 521.

[196] Deci E. L. , Ryan R. M. Intrinsic motivation and self-determination in human behavior [M]. New York: Plenum Press, 1985.

[197] Deci E. L. , Ryan R. M. The general causality orientations scale: Self-determination in personality [J]. Journal of Research in Personality, 1985 (b), 19 (2): 109 – 134.

[198] Deci E. L. , Ryan R. M. The "what" and "why" of goal pursuits: Human needs and the self-determination of behavior [J]. Psychological Inquiry, 2000, 11 (4): 227 – 268.

[199] Defazio D. , Lockett A. , Wright M. Funding incentives, collaborative dynamics and scientific productivity: Evidence from the EU framework program [J]. Research Policy, 2009, 38 (2): 293 – 305.

[200] D'Este P. , Perkmann M. Why do academics engage with industry?: The entrepreneurial university and individual motivations [J]. Journal of Technology Transfer, 2011, 36 (3): 316 – 339.

[201] D. S. Siegel, David Waldman, Albert Link. Assessing the impact of organizational practices on the relative productivity of university technology transfer offices: An exploratory study [J]. Research Policy, 2003 (b), 32 (1):

27 – 48.

[202] Edwards J. R. , Lambert L. S. Methods for integrating moderation and mediation: A general analytical framework using moderated path analysis [J]. Psychological Methods, 2007, 12 (1): 1 – 22.

[203] Eisenhardt K. M. Building Theories from case study research [J]. The Academy of Management Review, 1989, 14 (4): 532 – 550.

[204] Elsbach K. D. "The case for case study research", 中国企业管理案例论坛 (2010) 暨 "第四届中国人民大学管理论坛" 专题报告 [R]. 2010.

[205] Emden Z. , Calantone R. J. , Droge C. Collaborating for new product development: Selecting the partner with maximum potential to create value [J]. Journal of Product Innovation Management, 2006, 23 (4): 330 – 341.

[206] Etzkowitz H. Research groups as 'quasi-firms': The invention of the entrepreneurial university [J]. Research Policy, 2003, 32 (1): 109 – 121.

[207] Etzkowitz H. The norms of entrepreneurial science: Cognitive effects of the new university-industry linkages [J]. Research Policy, 1998, 27 (8): 823 – 833.

[208] Feller I. , Ailes C. P. , Roessner J. D. Impacts of research universities on technological innovation in industry: Evidence from engineering research centers [J]. Research Policy, 2002, 31 (3): 457 – 474.

[209] Fischer B. B. , Schaeffer, Paola Rücker, Vonortas N. S. , et al. Quality comes first: University-industry collaboration as a source of academic entrepreneurship in a developing country [J]. The Journal of Technology Transfer, 2018, 43 (2): 263 – 284.

[210] Fornell C. , Larcker D. F. Evaluating structural equation models with unobservable variables and measurement error [J]. Journal of Marketing

Research, 1981, 18 (1): 39 – 50.

[211] Freitas, Bodas I. M. , Rossi, et al. Finding the right partners: Institutional and personal modes of governance of university-industry interactions [J]. Research Policy, 2013, 42 (1): 50 – 62.

[212] Freitas I. M. B. , Verspagen B. The motivations, institutions and organization of university-industry collaborations in the Netherlands [J]. Journal of Evolutionary Economics, 2017, 27 (3): 379 – 412.

[213] Friedman J. , Silberman J. University technology transfer: Do incentives, management, and location matter? [J]. Journal of Technology Transfer, 2003, 28 (1): 17 – 30.

[214] Geuna A. , Crespi G. , D'Este P. , et al. The impact of academic patenting on university research and its transfer [J]. Research Policy, 2011, 40 (1): 55 – 68.

[215] Gonzalez-Brambila C. N. , Veloso F. M. , Krackhardt D. The impact of network embeddedness on research output [J]. Research Policy, 2013, 42 (9): 1555 – 1567.

[216] Granovetter M. S. The strength of weak ties: A network theory revisited [J]. Sociological Theory, 1983, 1 (6): 201 – 233.

[217] Granovetter M. S. The strength of weak ties [J]. American Journal of Sociology, 1973, 78 (6): 1360 – 1380.

[218] Grimm H. M. , Jaenicke J. Testing the causal relationship between academic patenting and scientific publishing in Germany: Crowding-out or reinforcement? [J]. The Journal of Technology Transfer, 2015, 40 (3): 512 – 535.

[219] Gulbrandsen M. , Smeby J. C. Industry funding and university professors' research performance [J]. Research Policy, 2005, 34 (6): 932 – 950.

[220] Gulbrandsen M. , Thune T. The effects of non-academic work expe-

rience on external interaction and research performance ［J］. The Journal of Technology Transfer, 2017, 42 (4): 795 – 813.

［221］ Hansen M. T. The search-transfer problem: The role of weak ties in sharing knowledge across organization subunits ［J］. Administrative Science Quarterly, 1999, 44 (1): 82 – 111.

［222］ Hemmert, Martin. Knowledge acquisition by university researchers through company collaborations: Evidence from South Korea ［J］. Science and Public Policy, 2017, 44 (2): 199 – 210.

［223］ Henard D. H. , Mcfadyen M. A. The Complementary roles of applied and basic research: A knowledge-based perspective ［J］. Journal of Product Innovation Management, 2010, 22 (6): 503 – 514.

［224］ Heng L. H. , Rasli A. M. , Senin A. A. Knowledge determinant in university commercialization: A case study of Malaysia public university ［J］. Procedia-Social and Behavioral Sciences, 2012, 40: 251 – 257.

［225］ He Z. L. , Geng X. S. , Campbell-Hunt C. Research collaboration and research output: A longitudinal study of 65 biomedical scientists in a New Zealand university ［J］. Research Policy, 2009, 38 (2): 306 – 317.

［226］ Hottenrott H. , Lawson C. Research grants, sources of ideas and the effects on academic research ［J］. Economics of Innovation and New Technology, 2014, 23 (2): 109 – 133.

［227］ Hottenrott H. , Thorwarth S. Industry funding of university research and scientific productivity ［J］. Kyklos, 2011, 64 (4): 534 – 555.

［228］ Hsing-fen Lee, Marcela Miozzo. How does working on university-industry collaborative projects affect science and engineering doctorates' careers?: Evidence from a UK research-based university ［J］. Journal of Technology Transfer, 2015, 40 (2): 293 – 317.

［229］ Huang M. H. , Chen D. Z. How can academic innovation performance in university-industry collaboration be improved? [J]. Technological Forecasting & Social Change, 2017, 123: 210 - 215.

[230] Huang Y. C. How background, motivation, and the cooperation tie of faculty members affect their university-industry collaboration outputs: An empirical study based on Taiwan higher education environment [J]. Asia Pacific Education Review, 2018, 19 (3): 413 - 431.

[231] Hu, Li-tze, Bentler P. M. Cutoff criteria for fit indexes in covariance structure analysis: Conventional criteria versus new alternatives [J]. Structural Equation Modeling, 1999, 6 (1): 1 - 55.

[232] Hung S. Y. , Durcikova A. , Lai H. M. , et al. The influence of intrinsic and extrinsic motivation on individuals' knowledge sharing behavior [J]. International Journal of Human-Computer Studies, 2011, 69 (6): 415 - 427.

[233] Iorio R. , Labory S. , Rentocchini F. The importance of pro-social behaviour for the breadth and depth of knowledge transfer activities: An analysis of Italian academic scientists [J]. Research Policy, 2017, 46 (2): 497 - 509.

[234] Jain S. , George G. , Maltarich M. Academics or entrepreneurs?: Investigating role identity modification of university scientists involved in commercialization activity [J]. Research Policy, 2009, 38 (6): 922 - 935.

[235] Johns G. The essential impact of context on organizational behavior [J]. The Academy of Management Review, 2006, 31 (2): 386 - 408.

[236] Jones J. , Graciela C. D. Z. Doing well by doing good: A study of university-industry interactions, innovationess and firm performance in sustainability-oriented Australian SMEs [J]. Technological Forecasting and Social Change, 2016, 123: 262 - 270.

[237] Kalar B. , Antoncic B. The entrepreneurial university, academic activities and technology and knowledge transfer in four European countries [J].

Technovation, 2015, 36 – 37: 1 – 11.

[238] Keith J. E. , Jackson D. W. , Crosby L. A. Effects of alternative types of influence strategies under different channel dependence structures [J]. Journal of Marketing, 1990, 54 (3): 30 – 41.

[239] Kirzner I. Competition and entrepreneurship [M]. The University of Chicago Press, Chicago, 1973.

[240] Klein A. , Moosbrugger H. Maximum likelihood estimation of latent interaction effects with the LMS method [J]. Psychometrika, 2000, 65 (4): 457 – 474.

[241] Kline R. B. Principles and practices of structural equation modeling [M]. New York: The Guilford Press, 1998.

[242] Koo C. , Chung N. Examining the eco-technological knowledge of Smart Green IT adoption behavior: A self-determination perspective [J]. Technological Forecasting & Social Change, 2014, 88 (8): 140 – 155.

[243] Krackhardt, David. The strength of strong ties: The importance of Philos in organizations [M]. Harvard Business School Press Boston, MA, 1992.

[244] Kristel M. , Allen A. , Cunningham J. A. , et al. Entrepreneurial academics and academic entrepreneurs: A systematic literature review [J]. International Journal of Technology Management, 2018, 77 (1/2/3): 9 – 27.

[245] Kristof A. L. Person-organization fit: An integrative review of its conceptualizations, measurement, and implications [J]. Personnel Psychology, 1996, 49 (1): 1 – 49.

[246] Kurek K. , Geurts P. A. T. M. , Roosendaal H. E. The research entrepreneur: Strategic positioning of the researcher in his societal environment [J]. Science and Public Policy, 2007, 34 (7): 501 – 513.

[247] Lam A. Knowledge networks and careers: Academic scientists in in-

dustry-university links [J]. Journal of Management Studies, 2007, 44 (6): 993 – 1016.

[248] Lam A. What motivates academic scientists to engage in research commercialization: 'Gold', 'ribbon' or 'puzzle'? [J]. Research Policy, 2011. 40 (10): 1354 – 1368.

[249] Laursen K. , Salter A. Open for innovation: The role of openness in explaining innovation performance among U. K. manufacturing firms [J]. Strategic Management Journal, 2006, 27 (2): 131 – 150.

[250] Lee Y. S. , The sustainability of university-industry research collaboration: an empirical assessment [J]. Journal of Technology Transfer, 2000, 25 (2): 111 – 133.

[251] Libaers D. Time allocations across collaborations of academic scientists and their impact on efforts to commercialize novel technologies: Is more always better? [J]. R & D Management, 2017, 47 (2): 180 – 197.

[252] Liney Manjarrés-Henríquez, Antonio Gutiérrez-Gracia, Andrés Carrión-García, et al. The effects of university-industry relationships and academic research on scientific performance: Synergy or substitution? [J]. Research in Higher Education, 2009, 50 (8): 795 – 811.

[253] Lin J. Balancing industry collaboration and academic innovation: The contingent role of collaboration-specific attributes [J]. Technological Forecasting and Social Change, 2017, 123: 216 – 228.

[254] Lin M. W. , Bozeman B. Researchers' industry experience and productivity in university—industry research centers: A "scientific and technical human capital" explanation [J]. The Journal of Technology Transfer, 2006, 31 (2): 269 – 290.

[255] Lowe R. A. , Gonzalez-Brambila C. Faculty entrepreneurs and research productivity [J]. Journal of Technology Transfer, 2007, 32 (3): 173 –

194.

　[256] Malik T. H. National institutional differences and cross-border university-industry knowledge transfer [J]. Research Policy, 2013, 42 (3): 776 – 787.

　[257] Manuel Crespo, Houssine Dridi. Intensification of university-industry relationships and its impact on academic research [J]. Higher Education, 2007, 54 (1): 61 – 84.

　[258] Markman G. , Siegel D. S. , Wright M. Research and technology commercialization [J]. Journal of Management Studies, 2008, 45 (8): 1401 – 1423.

　[259] Marylène Gagné, Edward L. Deci. Self-determination theory and work motivation [J]. Journal of Organizational Behavior, 2005, 26 (4): 331 – 362.

　[260] Miller D. , Shamsie J. The resource-based view of the firm in two environments: The Hollywood film studios from 1936 to 1965 [J]. The Academy of Management Journal, 1996, 39 (3): 519 – 543.

　[261] Mindruta D. Value creation in university-firm research collaborations: A matching approach [J]. Strategic Management Journal, 2013, 34 (6): 644 – 665.

　[262] Morandi V. The management of industry-university joint research projects: How do partners coordinate and control R&D activities? [J]. Journal of Technology Transfer, 2013, 38 (2): 69 – 92.

　[263] Mowery D. C. , Nelson R. R. , Sampat B. N. , Ziedonis A. A. Ivory tower and industrial innovation: University-industry technology before and after the Bayh-Dole act in the United States [M]. Stanford University Press, Stanford, 2004.

　[264] Muchinsky P. M. , Monahan C. J. What is person-environment congruence?: Supplementary versus complementary models of fit [J]. Journal of

Vocational Behavior, 1987, 31 (3): 268 – 277.

[265] Murray F, Stern S. Do formal intellectual property rights hinder the free flow of scientific knowledge?: An empirical test of the anti-commons hypothesis [J]. Journal of Economic Behavior & Organization, 2007, 63 (4): 648 – 687.

[266] Muscio A. , Ramaciotti L. , Rizzo U. The complex relationship between academic engagement and research output: Evidence from Italy [J]. Science and Public Policy, 2017, 44 (2): 235 – 245.

[267] Obstfeld D. Social Networks, the Tertius iungens orientation, and involvement in innovation [J]. Administrative Science Quarterly, 2005, 50 (1): 100 – 130.

[268] Offermann L. R. , Spiros R. K. The science and practice of team development: Improving the link [J]. Academy of Management Journal, 2001, 44 (2): 376 – 392.

[269] Olaya Escobar, Erika Sofía, Berbegal-Mirabent, Jasmina, Alegre I, et al. Researchers' willingness to engage in knowledge and technology transfer activities: An exploration of the underlying motivations [J]. R&D Management, 2017, 47 (5): 715 – 726.

[270] Oliver C. Determinants of interorganizational relationships: Integration and future directions [J]. Academy of Management Review, 1990, 15 (2): 241 – 265.

[271] Olmos-Peñuela J. , Castro-Martínez E. , D'Este P. Knowledge transfer activities in social sciences and humanities: Explaining the interactions of research groups with non-academic agents [J]. Research Policy, 2014, 43 (4): 696 – 706.

[272] Ooms W. , Werker C. , Marjolein C. J. Caniëls, et al. Research orientation and agglomeration: Can every region become a Silicon Valley? [J].

Technovation, 2015, 45 – 46: 78 – 92.

[273] Osterloh M. , Frey B. S. Motivation, knowledge transfer, and organizational forms [J]. Organization Science, 2000, 11 (5): 538 – 550.

[274] Owen-Smith J. , Powell W. W. To patent or not: Faculty decisions and institutional success at technology transfer [J]. Journal of Technology Transfer, 2001, 26 (1 – 2): 99 – 114.

[275] Pablo D'Este, Tang P. , Mahdi S. , et al. The pursuit of academic excellence and business engagement: Is it irreconcilable? [J]. Scientometrics, 2013, 95 (2): 481 – 502.

[276] Parkhe A. , Wasserman S. , Ralston D. A. New frontiers in network theory development [J]. Academy of Management Review, 2006, 31 (3): 560 – 568.

[277] P. D'Este, Patel P. University-industry linkages in the UK: What are the factors underlying the variety of interactions with industry? [J]. Research Policy, 2007, 36 (9): 1295 – 1313.

[278] Perkmann M. , Tartari V. , Mckelvey M. , et al. Academic engagement and commercialisation: A review of the literature on university-industry relations [J]. Research Policy, 2013, 42 (2): 423 – 442.

[279] Perkmann M. , Walsh K. Engaging the scholar: Three types of academic consulting and their impact on universities and industry [J]. Research Policy, 2008, 37 (10): 1884 – 1891.

[280] Perkmann M. , Walsh K. University-industry relationships and open innovation: Towards a research agenda [J]. International Journal of Management Reviews, 2007, 9 (4): 259 – 280.

[281] Perry S. J. , Hunter E. M. , Currall S. C. Managing the innovators: Organizational and professional commitment among scientists and engineers [J]. Research Policy, 2016, 45 (6): 1247 – 1262.

［282］Podsakoff P. M. , Mackenzie S. B. , Lee J. Y. , et al. Common method biases in behavioral research: A critical review of the literature and recommended remedies ［J］. Journal of Applied Psychology, 2003, 88 (5): 879 – 903.

［283］Preacher K. J. , Hayes A. F. Asymptotic and resampling strategies for assessing and comparing indirect effects in multiple mediator models ［J］. Behavior Research Methods, 2008, 40 (3): 879 – 891.

［284］Rajaeian M. M. , Cater-Steel A. , Lane M. Determinants of effective knowledge transfer from academic researchers to industry practitioners ［J］. Journal of Engineering and Technology Management, 2018, 47: 37 – 52.

［285］Rajalo S. , Vadi M. University-industry innovation collaboration: Reconceptualization ［J］. Technovation, 2017, 62 – 63, 42 – 54.

［286］Ramli M. F. , Senin A. A. Success factors to reduce orientation and resources-related barriers in university-industry R&D collaboration particularly during development research stages ［J］. Procedia-Social and Behavioral Sciences, 2015, 172: 375 – 382.

［287］Ramos-Vielba I. , Sánchez-Barrioluengo M. , Woolley R. Scientific research groups' cooperation with firms and government agencies: Motivations and barriers ［J］. The Journal of Technology Transfer, 2016, 41 (3): 558 – 585.

［288］Rand D. G. , Nowak M. A. Human cooperation ［J］. Trends in Cognitive Sciences, 2013, 17 (8): 413 – 425.

［289］Ranga L. M. , Debackere K. , Tunzelmann N. V. Entrepreneurial universities and the dynamics of academic knowledge production: A case study of basic vs. applied research in Belgium ［J］. Scientometrics, 2003, 58 (2): 301 – 320.

［290］René Rivera-Huerta, Gabriela Dutrénit, Ekboir J. M. , et al. Do linkages between farmers and academic researchers influence researcher productivity?: The Mexican case [J]. Research Policy, 2011, 40 (7): 932 – 942.

[291] Rentocchini F., D'Este P., Manjarrés-Henríquez, Liney, et al. The relationship between academic consulting and research performance: Evidence from five Spanish universities [J]. International Journal of Industrial Organization, 2014, 32: 70 – 83.

[292] Rhee M. Network updating and exploratory learning environment [J]. Journal of Management Studies, 2004, 41 (6): 933 – 949.

[293] Rizzo U. Why do scientists create academic spin-offs?: The influence of the context [J]. Journal of Technology Transfer, 2015, 40 (2): 198 – 226.

[294] Roberts E. B. Entrepreneurs in high technology. Lessons from MIT and Beyond [M]. Oxford University Press, New York and Oxford, 1991.

[295] Rosenberg N. Exploring the black box: Technology, economics, and history [M]. Cambridge University Press, 1994.

[296] Rosenberg N., Nelson R. R. American universities and technical advance in industry [J]. Research Policy, 1994, 23 (3): 323 – 348.

[297] Rothaermel F. T., Agung S. D., Jiang L. University entrepreneurship: A taxonomy of the literature [J]. Industrial & Corporate Change, 2007, 16 (4): 691 – 791.

[298] Rudi Bekkers, Isabel Maria Bodas Freitas. Analysing knowledge transfer channels between universities and industry: To what degree do sectors also matter? [J]. Research Policy, 2008, 37 (10): 1837 – 1853.

[299] Ryan R. M., Deci E. L. Intrinsic and extrinsic motivations: Classic definitions and new directions [J]. Contemporary Educational Psychology, 2000 (b), 25 (1): 54 – 67.

[300] Ryan R. M., Deci E. L. Self-determination theory and the facilita-

tion of intrinsic motivation, social development, and well-being [J]. American Psychologist, 2000 (a), 55 (1): 68-78.

[301] Ryan R. M. Psychological needs and the facilitation of integrative processes [J]. Journal of Personality, 1995, 63 (3): 397-427.

[302] Salleh M. S., Omar M. Z. University-industry collaboration models in Malaysia [J]. Procedia-Social and Behavioral Sciences, 2013, 102: 654-664.

[303] Sardeshmukh S. R., Vandenberg R. J. Integrating moderation and mediation: A structural equation modeling approach [J]. Organizational Research Methods, 2017, 20 (4), 721-745.

[304] Schumpeter J. A. The theory of economic development [M]. Harvard University Press, Cambridge, MA, 1934.

[305] Shah R. H., Swaminathan V. Factors influencing partner selection in strategic alliances: The moderating role of alliance context [J]. Strategic Management Journal, 2008, 29 (5): 471-494.

[306] Shane S. Academic entrepreneurship: University spinoffs and wealth creation [M]. Edward Elgar, Cheltenham, UK/Northampton, MA, USA, 2004.

[307] Shibayama, Sotaro. Conflict between entrepreneurship and open science, and the transition of scientific norms [J]. The Journal of Technology Transfer, 2012, 37 (4): 508-531.

[308] Shichijo N., Sedita S. R., Baba Y. How does the entrepreneurial orientation of scientists affect their scientific performance?: Evidence from the quadrant model [J]. Technology Analysis & Strategic Management, 2015, 27 (9): 999-1013.

[309] Shinn T., Lamy E. Paths of commercial knowledge: Forms and consequences of university-enterprise synergy in scientist-sponsored firms [J].

Research Policy, 2006, 35 (10): 1465 – 1476.

[310] Spyros Arvanitis, Ursina Kubli, Martin Woerter. University-industry knowledge and technology transfer in Switzerland: What university scientists think about co-operation with private enterprises [J]. Research Policy, 2008, 37 (10): 1865 – 1883.

[311] Stephan P. E., Levin S. G. Striking the mother lode in science: The importance of age, place and time [M]. Oxford University Press, New York, 1992.

[312] Stern S. Do scientists pay to be scientists? [J]. Management Science, 2004, 50 (6): 835 – 853.

[313] Stokes D. E. Pasteur's quadrant: Basic science and technological innovation [M]. Brookings Institution Press, 1997.

[314] Taheri M., Van Geenhuizen M. Teams'boundary-spanning capacity at university: Performance of technology projects in commercialization [J]. Technological Forecasting and Social Change, 2016, 111: 31 – 43.

[315] Tartari V., Breschi S. Set them free: Scientists' evaluations of the benefits and costs of university-industry research collaboration [J]. Industrial and Corporate Change, 2012, 21 (5): 1117 – 1147.

[316] Tartari V., Salter A. The engagement gap: Exploring gender differences in University-industry collaboration activities [J]. Research Policy, 2015, 44 (6): 1176 – 1191.

[317] Thursby J. G., Thursby M. C. Faculty participation in licensing: Implications for research [J]. Research Policy, 2011, 40 (1): 20 – 29.

[318] Thursby M., Thursby J., Gupta-Mukherjee S. Are there real effects of licensing on academic research?: A life cycle view [J]. Journal of Economic Behavior and Organization, 2007, 63 (4): 577 – 598.

[319] Toole A. A., Czarnitzki D. Commercializing science: Is there a

university "brain drain" from academic entrepreneurship? [J]. Management Science, 2010, 56 (9): 1599 – 1614.

[320] Van Looy B. , Callaert J. , Debackere K. Publication and patent behavior of academic researchers: Conflicting, reinforcing or merely co-existing? [J]. Research Policy, 2006, 35 (4): 596 – 608.

[321] Walsh, John P. , Huang H. Local context, academic entrepreneurship and open science: Publication secrecy and commercial activity among Japanese and US scientists [J]. Research Policy, 2014, 43 (2): 245 – 260.

[322] Wang Y. , Hu D. , Li W. , et al. Collaboration strategies and effects on university research: Evidence from Chinese universities [J]. Scientometrics, 2015, 103 (2): 725 – 749.

[323] Weick K. E. Educational organizations as loosely coupled systems [J]. Administrative Science Quarterly, 1976, 21 (1): 1 – 19.

[324] Wong A. , Tjosvold D. , Yu Z. Y. Organizational partnerships in China: Self-Interest, goal interdependence, and opportunism [J]. Journal of Applied Psychology, 2005, 90 (4): 782 – 791.

[325] Wong P. K. , Singh A. Do co-publications with industry lead to higher levels of university technology commercialization activity? [J]. Scientometrics, 2013, 97 (2): 245 – 265.

[326] Wu Y. , Welch E. W. , Huang W. L. Commercialization of university inventions: Individual and institutional factors affecting licensing of university patents [J]. Technovation, 2015, 36 – 37, 12 – 25.

[327] Yasunori Baba, Naohiro Shichijo, Silvia Rita Sedita. How do collaborations with universities affect firms' innovative performance?: The role of "Pasteur scientists" in the advanced materials field [J]. Research Policy, 2009, 38 (5): 756 – 764.

[328] YD Wang, RF Hu, WP Li, XF Pan. Does teaching benefit from

university-industry collaboration?: Investigating the role of academic commercialization and engagement [J]. Scientometrics, 2016, 106 (3): 1037 – 1055.

[329] Yin R. K. Case study research: Design and methods (3rd ed.) [M]. Sage Publications, 2003.

[330] Yin R. K. Case study research: Design and methods (5th ed.) [M]. Thousand Oaks, CA: Sage, 2014.

[331] Ynalvez M. A., Shrum W. M. Professional networks, scientific collaboration, and publication productivity in resource-constrained research institutions in a developing country [J]. Research Policy, 2011, 40 (2): 204 – 216.

[332] Yong S. L. 'Technology transfer' and the research university: A search for the boundaries of university-industry collaboration [J]. Research Policy, 1996, 25 (6): 843 – 863.

[333] Zaheer A., Mcevily B., Perrone V. Does trust matter?: Exploring the effects of interorganizational and interpersonal trust on performance [J]. Organization Science, 1998, 9 (2): 141 – 159.

[334] Zalewska – Kurek K., Egedova K., Geurts P. A. T. M., et al. Knowledge transfer activities of scientists in nanotechnology [J]. The Journal of Technology Transfer, 2018, 43: 139 – 158.

[335] Zhang B., Wang X. Empirical study on influence of university-industry collaboration on research performance and moderating effect of social capital: Evidence from engineering academics in China [J]. Scientometrics, 2017, 113 (4): 1 – 21.